中国经济和谐发展论丛

节能减排长效机制研究
——基于要素替代视角

杨 冕 著

本书系国家自然科学基金青年项目"要素市场扭曲对中国高耗能行业能源生产率的影响研究"（批准号：71303177）和教育部人文社会科学青年基金项目"基于行业异质性的要素市场扭曲对中国能源生产率的影响"（批准号：13YJC790179）的阶段性研究成果。本书的出版得到了武汉大学经济与管理学院"985 工程"和"211 工程"专项基金的资助，特此感谢！

科学出版社

北 京

内 容 简 介

以行政命令为主要特征的"十一五"节能减排政策体系面临着效果持续性不足等问题。在此背景下，充分发挥市场在资源配置过程中的决定性作用，运用价格机制引导非能源生产要素对能源（及相对清洁的能源品种对污染密集型能源）进行替代，进而推动产业结构升级和能源结构优化，是转变中国经济发展方式、构建节能减排长效工作机制的有效途径。本书通过考察中国不同区域生产要素、能源品种之间的替代弹性，分析要素替代对中国节能减排工作的潜在影响，以及这一影响在空间上的分布状况，以期为中国节能减排长效工作机制的合理构建提供决策参考。

本书可供关注中国能源与环境问题的学术界人士、研究生和相关政府部门工作人员阅读与参考。

图书在版编目（CIP）数据

节能减排长效机制研究：基于要素替代视角/杨冕著. —北京：科学出版社，2015

（中国经济和谐发展论丛）

ISBN 978-7-03-045979-4

Ⅰ. ①节… Ⅱ. ①杨… Ⅲ. ①节能–研究 Ⅳ. ①TK01

中国版本图书馆 CIP 数据核字（2015）第 243937 号

责任编辑：徐 倩 / 责任校对：贾伟娟
责任印制：霍 兵 / 封面设计：无极书装

科 学 出 版 社 出版
北京东黄城根北街 16 号
邮政编码：100717
http://www.sciencep.com
三河市骏杰印刷有限公司 印刷
科学出版社发行 各地新华书店经销

*

2015 年 12 月第 一 版 开本：720 × 1000 1/16
2015 年 12 月第一次印刷 印张：9 3/4
字数：197 000

定价：52.00 元

（如有印装质量问题，我社负责调换）

中国经济和谐发展论丛编委会

主编：刘传江　杨艳琳　刘洪辞

编委：（按姓氏笔画排序）

叶　林　成德宁　刘传江　刘洪辞　杨　玲

杨　冕　杨艳琳　余　江　姚博明　董延芳

总　序

改革开放以来，中国经济经历了长达 35 年的高增长，取得了举世瞩目的成绩，无论是经济增长速度、经济总规模，还是人均 GDP、人均可支配收入、居民生活水平和生活质量，都有较大甚至多倍的增长或者提高。这得益于经济体制改革所形成的"改革红利"，得益于由改革开放所引致的"制度红利"、"人口红利"、"资源红利"、"贸易红利"。这些"红利"均来源于经济增长。但是，粗放型增长给中国经济埋下了大量隐患，随着中国经济的进一步增长，经济增长的可持续性在逐步下降，不仅是技术性增长下降，而且是制度性增长下降，这使经济增长的"红利"也随之下降，部分领域出现增长的"副利"或者"负利"。

工业化、市场化、城镇化、信息化、国际化的快速发展，使中国传统的经济增长方式难以为继，经济增长过程中的不和谐问题日益突出甚至日趋严重。这迫切需要中国采取新的经济发展方式，走新型工业化道路、新型城镇化道路，建设全面小康社会、和谐社会。早在 1995 年 9 月，中共十四届五中全会上明确提出了未来 15 年中国改革与发展的奋斗目标是实现具有全局意义的"两个根本性转变"：一是经济体制从传统的计划经济体制向社会主义市场经济体制转变；二是经济增长方式从粗放型向集约型转变。所谓经济增长方式转变，按照官方文件的解释就是指生产要素的分配、投入、组合以及使用方式的改变，一般是指由外延型、数量型、粗放型增长方式向内涵型、质量型、集约型增长方式转变。2007年 11 月，中共十七大报告将"实现经济增长方式转变"的提法改为"加快经济发展方式转变"，并明确提出加快经济发展方式"三个转变"的主要内容：在需求结构上，促进经济增长由主要依靠投资、出口拉动向依靠消费、投资、出口协调拉动转变；在产业结构上，促进经济增长由主要依靠第二产业带动向依靠第一、第二、第三产业协同带动转变；在要素投入上，促进经济增长由主要依靠增加物质资源消耗向主要依靠科技进步、劳动者素质提高、管理创新转变。由此可见，经济发展方式转变，不仅包含经济增长方式的转变，即从主要依靠增加资源投入和消耗来实现经济增长的粗放型增长方式，转变为主要依靠提高资源利用效率来实现经济增长的集约型增长方式，而且包括结构、质量、效益等方面的转变。官方提法由转变经济增长方式到转变经济发展方式，反映了中国执政党和政府对经济发展规律认识的深化。

不过，上述认知依然"只是在同一窗口换一角度看风景，视野必然受到窗口位置及大小的限制"。换言之，基于工业文明的经济发展方式转变不可能从根本上和深层次解决经济发展的资源、环境代价和可持续发展问题。2010 年是 1995 年提出 15 年实现"两个根本性转变"的"收官之年"，但中国经济发展的"高能耗、高污染、高排放"特征并未发生革命性的转变。原因固然很多，仅从认知和政策层面看，中共十七大报告提出了建设生态文明的新理念，但"发展视角"没有同步从工业文明的"老窗口"转换到生态文明的"新窗口"，即没有明确主张实现从工业文明发展范式到生态文明发展范式的转型。而实践也已证明，工业文明框架下的经济发展方式转变，并不能使中国"高能耗、高污染、高排放"的经济发展模式实现革命性的转变并实现和谐发展的愿景。只有实现从工业文明发展范式到生态文明发展范式的转型，才能从根本上和深层次解决经济发展的资源、环境代价问题。选择适合国情的低碳经济发展道路是基于生态文明发展方式范式的要求，也是建设资源节约型、环境友好型、低碳导向型的可持续发展的和谐社会的正确选择。

"范式"（paradigm）这一概念最早是由美国科学家托马斯·库恩（Thomas Kuhn）于 1962 年在其出版的经典著作《科学革命的结构》中提出并做出系统阐述的，最初是指一种观念、理论和规律，通常是某一科学集团对某一学科所具有的共同信念和遵从的行为模式，它规定了人们共同的基本理论、基本观点和基本方法。近年来，一些国内学者将"理论范式"延伸，用于刻画基于某种理念和规律并具有某些特征的经济发展实践，提出了经济发展的"实践范式"及其相关的系列概念，如环保与经济发展的双赢范式、经济现代化范式、经济与社会发展范式、经济发展新范式、区域经济发展范式、循环经济范式、技术经济范式、产业范式、农业发展范式、消费范式等。国外也是如此，早在 1982 年，G. 多西将这个概念引入技术创新研究中，提出了技术范式的概念。佩雷兹（C. Perez）在 1983 年发表于《未来》的论文《社会经济系统中的结构变迁与新技术吸收》中又提出了技术经济范式这一概念，从而将技术范式与经济增长直接联系了起来。1988 年，著名技术创新经济学家弗里曼与佩雷兹又在合作发表的《结构调整危机：经济周期与投资行为》一文中进一步丰富和发展了技术经济范式这一概念。2010 年，日本京都大学著名经济学家植田和弘（Kazuhiro Ueta）在西北大学举行的第二届中日经济·环境论坛演讲中也明确提出了发展范式（development paradigm）转换的概念。不仅如此，学术界还探讨了经济发展范式这一概念的具体内容，乔臣认为经济发展范式至少包括以下四个方面的内容：①经济发展范式的研究视角（perspective）或出发点（springboard），包括经济发展进程中研发人员的研究对象以及理论基础；②经济发展范式研究的参照系（reference）或基准点（benchmark），包括对经济发展理论以及经济发展范式的各种范例分析和系统表述；③经济发展范式的分析工具（analytical tools）或研究方法（analytical means）；④经济发展研究人员所持有的共同的理论信念（theoretical faith）。当经济发展实践大大突破了已有理论框架和理论模型时，就需要对以往经济发展的诸多范例进行理论分析和探讨，从中提取经济发展中的一般规律性内涵和实质并加以吸收和应用，结合实践要求提出新的经济发展范式。经济发展范式转换和选择不仅是经济现代化发展的客观要求，同时也是助推经济现代化进程的必要保障。

根据中国现代化研究中心何传启研究员的两次现代化理论或文明发展理论，第一次现代化的目标是实现工业现代化，其发展范式即为工业文明发展范式，在该范式下经济发展的主要变化是从农业社会走向工业社会、从农业经济走向工业经济，主要特点是实现工业化、城市化、民主化、福利化、流动化、专业化，其产业特征是工业比重不断提升、产业结构高度化，制造产业发达，经济发展的核心指标是 GNP 和人均 GDP，该发展范式的最大副效应是经济发展的同时，付出了资源大量消耗、环境破坏和生态退化的代价。第二次现代化的目标是实现生态现代化（ecological modernization），其匹配的发展范式是生态文明发展范式，在该范式下经济发展的主要变化是从工业社会走向信息社会、从物质经济走向生态经济，主要特点是实现知识化、信息化、绿色化、生态化、全球化、多样化，其产业特征是产业生态化、物质减量化、能源去碳化、经济服务化，还原产业发达，经济发展的核心指标是生态效率（EEI=GDP/EFP）和绿色 GDP。

现代文明与和谐发展目标不再是工业现代化，而是德国社会学家约瑟夫·胡伯（Joseph Huber）在 20 世纪 80 年代提出的能够实现经济发展和环境保护双赢的生态现代化。因此，传统经济的现代化进程仅仅实现工业文明"窗口"中的经济发展方式转变是不够的，还需要从工业文明"窗口"走向生态文明"窗口"，实现工业文明经济发展范式向生态文明经济发展范式的转型。中国近 20 年及未来经济发展转型的过程可以概括为以下三个阶段：①工业文明"窗口"中的早期转变阶段，即从外延型、数量型、粗放型增长方式向内涵型、质量型、集约型增长方式转变；②工业文明"窗口"中的后期转变阶段，即从注重生产要素的分配、投入、组合以及使用方式向经济要素配置组合和结构优化并重的经济发展方式转变；③从工业文明"窗口"走向生态文明"窗口"的转变阶段，即从工业文明经济发展范式向生态文明经济发展范式转型。这三个阶段的变化可以从以下六个维度及其过程来描述：①经济体制：计划经济→传统市场经济→现代市场经济；②发展导向：追求产值→追求利润→追求可持续发展；③文明类型：农业文明→工业文明→生态文明；④支柱产业：黄色产业→黑色产业→绿色产业；⑤发展特征：粗放型经济→集约型经济→低碳型经济；⑥测度模型：O（output）模型经济→IO（input-output）模型经济→IOOE（input-occupation-output-emission）模型经济。

　　我们认为，传统计划经济体制下的粗放型经济因其只计产出不计投入肯定是不可持续发展的经济增长方式，传统市场经济体制下的集约型经济只关心企业利润而不考虑企业生产活动产生的负外部效应，因而其也是不可持续发展的经济增长方式，只有同时考虑经济效益、社会效益和生态效益的低碳经济才是支撑现代市场经济发展的可持续型经济。那么，为何以"3R"和非线性生产为特征的循环经济不是生态文明发展范式下的基本经济形态呢？应当说，以"减量化（reduce）、再利用（reuse）、再循环（recycle）"为特征的循环经济，相对于"资源—产品—污染排放"为特征的单向线性经济是更接近于产业生态化要求的产业形态和发展方向，是新型工业化和"资源节约型、环境友好型"两型社会建设的突破口和手段之一，但它支撑不起一个国家或地球整个面上的生态化产业体系和生态文明。其主要原因在于：①循环经济包括"点"（企业）、"线"（产业）、"面"（园区）三个层次，层次越高，经济效益和生态效益越好，但循环难度也越大。②循环经济要同时满足技术可行性、经济合理性、政策合法性三个条件，而在绝大多数地区特别是在社会经济和科技发展不够发达的地区通常不能够同时满足经济学意义上发展循环经济的上述三个条件，或者说循环经济不是一个普适性的经济概念。③循环经济的"3R"原则相对于低碳经济的"三低一高"（低能耗、低排放、低污染、高效率）特征，前者只是表征经济的形式和手段而不必然具有资源节约和环境友好的结果，事实上，循环经济发展中通常面临规模不经济、循环不经济、循环不环保、循环不节约"四大问题"的阻碍；后者则是源头控制、过程控制、目标控制相结合的经济发展范式，这种"立体式"的技术经济范式体系是对循环经济的改进、深化和创新。发展低碳经济是基于人类社会对农业文明、工业文明时期经济发展模式的反思和创新，它是追求以低能耗、低排放、低污染为基础的提高能源利用效率、创建清洁能源结构的一种创新性和高层次的经济发展模式。发展低碳经济不仅是为了应对气候变化，也是经济发展范式的创新，是世界经济发展低碳化趋势的客观要求和世界新一轮经济增长的核心驱动力。低碳经济包括低碳生产、低碳流通、低碳消费三个方面，它是比绿色经济、循环经济要求更高的生态化经济发展方式，是解决经济发展与能源危机之间矛盾，平衡能源、经济社会发展和生态环境之间关系的根本途径。换言之，低碳经济是支撑和实现生态文明的经济形态，是中国"两型社会"的核心追求及和谐发展的具体表达。

经济和谐不仅包括国内外经济和谐、国内各个区域经济和谐、不同产业和谐、不同企业和谐，而且还包括资源（能源）环境与经济和谐、不同利益群体关系和谐等。在市场经济条件下，完全竞争下的市场均衡并不等同于经济和谐，而垄断竞争和寡头竞争更不能促进甚至损害经济和谐。因此，经济和谐既是市场和谐，也是技术和谐，更是制度和谐，是同时协调市场、技术、制度的综合和谐；它不仅要求生产关系与生产力和谐，更要求上层建筑与经济基础和谐；其不仅是在某一时点所实现的静态和谐，更是在变化过程中能趋于实现的动态和谐。可以说，经济和谐是政治和谐、社会和谐、生态和谐的基础。

我们认为，促进经济协调发展、科学发展、和谐发展是确保中国经济能够维持、延伸甚至扩大"改革红利"的现实选择。如果说在过去的改革开放中应遵循"发展是硬道理"，那么在现在和未来的深化改革开放中则应遵循"协调发展、科学发展、和谐发展是最硬道理"。不断促进和逐步实现中国经济和谐发展，需要深入研究和有效解决制约经济和谐、社会和谐、生态环境和谐发展的一系列重大问题，特别是其中的"短板问题"、"瓶颈问题"。只有基于生态文明的理念和发展范式不断深化改革和扩大开放，实现"协调式"和"包容式"的和谐发展，才能维持和延伸甚至扩大"改革红利"，改善全民的"帕里托效应"，增加全民的福利，才能让全民进一步分享"改革红利"。只有促进与实现经济和谐发展，才能将"改革红利"转变为持久的"和谐红利"，让全民充分分享"和谐红利"。

武汉大学经济研究所拥有人口、资源与环境经济学以及产业经济学和劳动经济学三个博士学位授权专业，人才培养和学术研究的聚焦点是：主要以 20 世纪 80 年代以来中国的经济改革和经济发展转型为背景，综合运用现代经济学的研究方法和手段，从以下三个方面来系统研究当代中国经济的和谐发展：①人口、资源与环境的协调发展；②城乡结构转型过程中的和谐发展问题；③产业结构特征升级过程中的和谐发展问题。进入 21 世纪以来，武汉大学经济研究所研究人员围绕上述三大研究领域先后申请获批立项国家社会科学基金项目、国家自然科学基金项目和教育部人文社会科学基金项目（含重大项目、重点项目、一般项目和青年项目）30 余项，同时还承担了其他部省级项目、国家合作项目、地方政府及企业委托和招标项目 60 项。列入中国经济和谐发展论丛的各部著作，都是武汉大学经济研究所学术团队在长期研究基础上形成的，它们是各自课题组在国家社会科学基金项目、国家自然科学基金项目、教育部人文社会科学重点基地重大项目、教育部人文社会科学基金项目、江苏天联集团重大科研课题等资助下，经过数年系统、深入地研究上述重大问题及其解决途径和战略对策的成果。例如，刘传江、董延芳的著作《农民工的代际分化、行为选择与市民化》是作者所做的武汉大学经济发展研究中心、武汉大学经济研究所课题组主持承担国家自然科学基金和国家社会科学基金资助项目的最终成果，刘洪辞的著作《蚁族群体住房供给模式研究》是江苏天联集团重大科研课题资助研究"蚁族"群体的第一部学术专著，余江的著作《对外贸易与中国能源消耗研究》是国家社会科学基金资助项目的最终成果，杨艳琳的著作《中国中部地区资源、环境与经济协调发展研究》是教育部人文社会科学重点基地武汉大学经济发展研究中心承担的重大项目的研究成果，杨冕的著作《节能减排长效机制研究——基于要素替代视角》和杨玲的著作《中国政府卫生支出绩效研究》也是各自承担的教育部人文社会科学基金规划项目的研究成果。受时间和水平的限制，中国经济和谐发展论丛还存在诸多不足和需要进一步探讨的问题，我们衷心希望这套丛书的出版能够对 21 世纪新阶段中国经济的和谐发展在理论和实践参考层面有所裨益，同时也希望引发学术界对上述问题展开更多、更深入的研究。

刘传江　杨艳琳　刘洪辞

2013 年初夏于武昌珞珈山

目 录

第一章

中国能源与环境问题

　　能源是人类赖以生存和发展的重要物质基础，也是当今国际政治、经济、外交密切关注的焦点。1973 年爆发的"石油危机"，深刻反映了能源短缺及其价格波动对全球经济的潜在威胁。此后，能源便成为各大国之间政治和军事角逐的重要目标。纵观近些年来的世界热点问题，无论是伊拉克战争、独联体地区的"民主化改造"、伊朗核危机，还是近期频繁爆发的中东与非洲国家的政局动荡，无不跟帝国主义国家觊觎当地丰富的油气资源有关。正如保罗·罗伯茨（2005）所言，"获得能源已经成为 21 世纪压倒一切的首要任务"。

　　同时，过量能源消耗所导致的环境污染与气候变化，也给全球范围内的环境保护工作带来了严峻的挑战。根据英国气象局发表的分析报告，如果世界各国仍不能采取有效措施以促进温室气体减排，到 21 世纪末全球平均气温将会上升 4 摄氏度以上，世界各地都将会因此而遭受灾难性的后果。

■ 第一节　能源问题

　　当前，中国正处于工业化与城市化加速发展时期，对能源的刚性需求显著增加。因此，保障能源资源的长期供应安全已成为中国政府工作的重要组成部分。然而，由于受资源禀赋、技术水平及经济发展方式等诸多因素制约，中国的能源安全尚存在较大的隐患，主要表现为化石能源储量相对不足、能源供应安全形势严峻、能源结构失衡、能源利用效率低下等几个方面。

一、化石能源储量相对不足

　　能源储量是指在目前技术和经济条件下能够生产取得的能源资源。能源储量分为地质储量和探明储量两类。前者指按照能源的地质储藏、形成与分布规律推算出的储量，后者是根据地质勘探报告统计而计算出的储量。从探明储量来看，中国的化石能源储量状况总体可概括为富煤、贫油、少气。

（一）煤炭

煤炭是地球上蕴藏量最丰富、分布地域最广泛的一种化石能源，被誉为"工业的粮食"。它是工业革命以来人类社会所广泛采用的主要能源品种之一，在国家能源安全保障中占有重要地位。中国煤炭资源蕴藏量极为丰富，从省级尺度来看，除上海、香港以外都有不同数量和质量的赋存。截至2008年年底，中国煤炭资源探明储量为1145亿吨，占全球总储量的13.9%，仅次于美国、俄罗斯排名世界第三位。但从人均角度来看，中国人均煤炭探明储量为84.61吨，不足世界平均水平的80%。

（二）石油和天然气

石油是影响社会经济可持续发展的重要战略性资源，被誉为"工业的血液"。因此，获得充分的石油供给已成为全世界各国发展强大的首要战略问题。尤其在全球经济一体化的过程中，谁掌握了石油谁就主宰了世界。截至2008年年底，中国石油探明储量为21亿吨，占世界石油探明储量的1.2%，位列世界第14位；人均石油探明储量仅1.6吨，约占世界平均水平的6.5%。与之类似，天然气探明储量达2.46万亿立方米，占世界天然气探明储量的1.3%；而人均天然气探明储量约为1800立方米，占世界平均水平的6.1%（Wang，2010）。中国各种化石能源储量及其占世界的份额如表1-1所示。

表1-1　2008年中国各种化石能源储量状况

能源品种	储量	占世界总储量的比重/%	人均储量占世界平均水平的比重/%
综合能源	1550亿吨标准煤	10.7	51
煤炭	1145亿吨	13.9	79
石油	21亿吨	1.2	6.5
天然气	2.46万亿立方米	1.3	6.1

资料来源：张坤民（2008）、Wang（2010）

以2009年中国煤炭与石油的生产量计算[①]，上述两种能源可开采年限分别约

[①] 2009年，中国煤炭生产量为29.73亿吨，石油生产量为1.89亿吨。

为 39 年和 11 年（此处未考虑两种资源可能新增的探明储量，也未考虑随着经济发展而导致需求量增大的事实）。因此，寻求能源的长期稳定供给以确保能源安全的任务迫在眉睫。倘若在近期内无法找到成本合理、供应量充足的替代性能源，同时也未能在能源节约技术上取得重大性突破，中国的能源供应安全将无法得到切实保障，社会经济发展步伐将变得缓慢甚至可能因此而停滞不前。

二、能源供应安全形势严峻

1978 年以来，中国的社会经济发展取得了举世瞩目的成就，国内生产总值（gross domestic product，GDP）的年均增长率高达 9.9%（Zhang et al.，2012）。然而，快速的经济总量扩张与城市化进程，离不开充足的能源供应作为支撑。1980～2012 年的三十余年间，中国能源消费总量激增了 5 倍以上（图 1-1）。2010 年，中国能耗总量高达 32.5 亿吨标准煤，首次超越美国成为全球第一能源消费大国；且快速的能源需求增长趋势在近期乃至中期内不会改变。据估计，到 2020 年，中国能源需求总量将达到 47 亿吨标准煤（Fan and Xia，2012）。

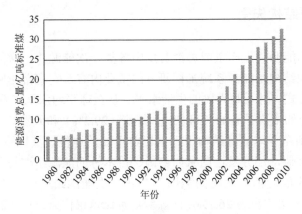

图 1-1　1980 年以来中国能源消费总量变动趋势

资料来源：《中国能源统计年鉴 2013》

能源需求的快速增加，对中国能源供应安全提出了长期的严峻考验。以石油供应安全为例，自 1993 年中国成为石油净进口国以来，石油对外依存度逐年攀升（图 1-2）。截至 2009 年年底，石油对外依存度已高达 55%左右，仅仅 16 年时间便超过了 50%的国际警戒线。根据相关研究者预测，中国 2020 年的石油对外依存度将达到 63%～70%（Downs，2004）。大量的石油进口，不仅迫使中国每年支付巨额的经济成本；同时，国际市场上石油价格的剧烈波动，还将对中国的经济发展与社会稳定造成巨大冲击。特别是当前中东及非洲部分国家频繁爆发的政局动荡，对中国长期推行的国际能源战略形成了严峻的挑战[①]。

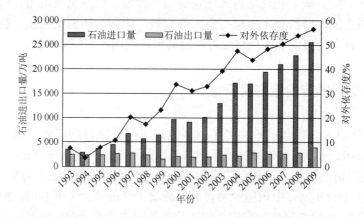

图 1-2　　1993～2009 年中国石油进出口量及对外依存度变化趋势

资料来源于对应年份的中国统计年鉴，石油对外依存度按净进口量除以消费量计算

三、能源结构失衡

能源结构指能源总生产量或总消费量中各类一次能源、二次能源的构成及其比例关系。能源结构是能源系统工程研究的重要内容，它直接影响国民经济各部门的最终用能方式，并反映人民的生活水平。从全球平均水平来看，2008 年位居能源结构前三位的依次是石油（34.8%）、煤炭（29.2%）和天然气（24.1%），而核能和水电也分别在全球能源结构中占据日益重要的地位，其比重分别为 5.5% 和6.4%。与之相类似，部分发达国家如德国、日本等的能源结构与全球平均水平较为一致。而作为能源消费大国的美国，在其一次能源结构中，石油消费比重为38.5%，天然气消费比重为 26.1%，而煤炭消费比重仅位居第三（24.6%），核电与水电分别占 8.3% 和 2.5%（表 1-2）。

与其他能源消费大国相比，中国的一次能源结构长期以来以煤炭为主导。2009 年，煤炭在中国能源结构中所占比重高达 70.4%，而石油、天然气与可再生能源所占比重则分别为 17.9%、3.9% 和 7.8%，能源结构呈现严重失衡的现象。且在未来相当长的一段时间内，煤炭作为中国主要的能源消费形式将不会改变。不同能源品种的资源禀赋和使用成本差异是导致中国能源结构单

---

① 当前，中国 80% 左右的石油进口来自中东与非洲国家。其中，中东占 50% 左右，而非洲占 30% 左右（林伯强等，2010）。

一化的主要原因[①]。

表 1-2　2008 年全球主要能源消费大国的能源结构

国家	能耗总量/百万吨标准油	占全球的比重/%	能源结构/%				
			煤炭	石油	天然气	核能	水电
美国	2 299.0	20.4	24.6	38.5	26.1	8.3	2.5
中国	2 002.5	17.7	70.2	18.8	3.6	0.8	6.6
俄罗斯	684.6	6.1	14.8	19.0	55.2	5.5	5.5
日本	507.5	4.5	25.4	43.7	16.6	11.2	3.1
印度	433.3	3.8	53.4	31.2	8.6	0.8	6.0
加拿大	329.8	2.9	10.0	30.9	27.4	6.4	25.3
德国	311.1	2.8	26.0	38.0	23.8	10.8	1.4
法国	257.9	2.3	4.6	35.8	15.4	38.7	5.5
韩国	240.1	2.1	27.5	43.0	14.9	14.2	0.4
巴西	228.1	2.0	6.4	46.1	10.0	1.4	36.1
全球平均	11 294.9	100.0	29.2	34.8	24.1	5.5	6.4

　　中国以煤为主的能源结构存在着多种弊端。首先，煤矿生产安全问题一直困扰着煤炭行业的健康发展。近年来，中国煤炭行业生产事故不断。尽管中央政府为了遏制与控制煤矿安全生产事故，对乡镇、县级乃至省部级官员进行了问责和惩处，但中国的煤矿死亡人数依然居高不下。据统计，中国煤炭生产百万吨死亡率分别是美国的 70 倍、南非的 17 倍、波兰的 10 倍、俄罗斯和印度的 7 倍（张华明和赵国浩，2010）。其次，中国近 90% 的煤炭资源分布在大陆性干旱、半干旱气候带，这些地区植被覆盖率较低，水土流失和土地荒漠化十分严重；而煤炭开采过程中所导致的地表沉陷和土地挖损均会直接影响所在区域的主导生态功能（耿海清等，2010）。

　　此外，中国煤炭富集地区与能源需求中心呈现明显的逆向分布状态。中国煤炭基础储量在 100 亿吨级以上的省份共有 8 个：山西、内蒙古、陕西、贵州、安徽、河南、新疆和山东。除山东以外，煤炭丰富地区均分布于社会经济欠发达的中西部地区。而中国经济发达的东部 10 个省份，包括辽宁、北京、天津、河北、山东、江苏、上海、浙江、福建和广东，煤炭资源的基础储量仅占全国总量的 4.9%

---

　　① 首先，相对于其他化石能源品种，中国的煤炭资源储量更加丰富。其次，煤炭的综合使用成本明显低于其他的能源品种，而提高经济竞争力和促进经济增长需要廉价能源作为支撑，减轻社会负担也需要廉价能源（林伯强等，2010）。

（马蓓蓓等，2009）。煤炭富集地区与能源需求中心逆向分布的特征导致了煤炭资源的生产区与消费区严重分离，从而形成了"北煤南运"和"西煤东调"的基本格局。

为有效应对中国煤炭资源生产和消费的逆向分布问题，进行跨区域调煤成为必然。1993 年煤炭价格改革确立了以市场形成价格为主的定价机制，并放开了煤炭跨地区销售，使得煤炭跨区域自由流动成为可能。大规模的煤炭资源跨区域调运，给中国道路运输系统造成了巨大的压力。目前，煤炭运输占中国铁路运力的一半以上（于左和孔宪丽，2010）。由于交通运输能力紧张，出现大量煤炭运输车辆排长龙、港口煤炭积存、柴油供不应求等现象，一定程度上制约着中国煤炭的供应。特别是在受暴雪等极端气候灾害袭击的情况下，道路运输系统随之瘫痪，煤炭资源供应无法得到保障。例如，2008 年年初发生的南方雪灾，使得中国南方大部分省份的道路交通系统与电力设施遭受严重毁坏，进而导致煤炭、电力等能源供给中断（Kwan，2010）。

四、能源利用效率低下

鉴于研究视角的差异，学术界对能源效率的评价指标尚未达成共识。Patterson（1996）将能源效率归纳为热力学指标、物理-热量指标、经济-热量指标及纯经济指标四种类型。世界能源委员会（World Energy Council）将能源效率定义为减少提供同等能源服务（如加热、照明等）和生产活动所消耗的能源，并指出除了技术进步外，组织和管理的优化及经济效率的提升均可以实现能源效率的改进。史丹（2002）则将能源利用效率概略地分为能源技术效率和能源经济效率两个部分。其中，能源技术效率主要是指由生产技术、产品生产工艺和技术设备所决定的能源效率；能源经济效率主要指受经济发展水平、产业结构、价格水平、管理水平、对外开放及经济体制等经济因素影响的能源利用效率。为进一步阐明能源效率的深刻内涵，Oikonomou 等（2008）对"能源效应"与"节能"两个概念进行了辨析，认为能源效率关注于可获得的最大能源服务数量与初级（或最终）能源投入量之间的比值，而节能更着重于通过能效的提升或行为方式的改变所实现的能源消耗量的减少。

由于现有研究能源效率的文献大多集中于宏观经济领域，基于货币单位的经济-热量指标在实际分析中被广泛地应用。该指标被定义为能源实物消耗和经济活动之间的比率，最初采用能源强度或能源生产率（两者互为倒数）来表示。改革开放以来，中国的能源强度呈现持续快速的下降趋势，这一良好势头一直保持至2000 年左右，随后其下降速度开始减缓。2002 年以后，由高耗能行业快速增长所引发的能源需求量的迅速抬头，中国能源强度开始反向增长（Andrews-Speed，2009）。为了尽快遏制这一不利趋势，国务院及时推行了节能减排政策。随着相关政策的有效实施，中国能源强度在"十一五"期间再一次呈现持续下降的趋势（图 1-3）。

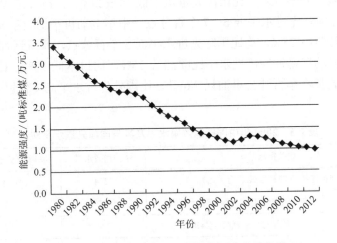

图 1-3　中国 1980～2012 年能源强度变化趋势

资料来源于《中国统计年鉴 2013》，能源强度的基期为 2005 年

　　尽管如此，与其他发达国家甚至是部分发展中国家相比，中国的能源利用效率依然处于相对较低的水平（图 1-4）。首先，由于技术水平较低、能源价格不合理、产业结构重型化等多种因素制约，中国能源强度仍高达全球平均水平的两倍以上。

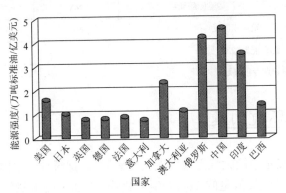

图 1-4　全球主要国家 2008 年能源强度

资料来源：Liu 等（2011）

其次，从高耗能产品的能效水平来看，中国生产单位质量的钢铁、水泥、乙烯与合成氨所消耗的能源分别比国际先进水平高 17%、20%、57% 和 31%（Zhang et al.，2011）。

此外，中国主要耗能设备的能源利用效率也明显较低。2000 年，燃煤工业锅炉平均运行效率 65% 左右，比国际先进水平低 15～20 个百分点；火电机组平均效率 33.8%，比国际先进水平低 6～7 个百分点；中小电动机平均效率 87%，风机、水泵平均设计效率 75%，均比国际先进水平低 5 个百分点，系统运行效率低近 20 个百分点；机动车燃油经济性水平比欧洲低 25%，比日本低 20%，比美国整体水平低 10%；载货汽车百吨公里油耗 7.6 升，比外先进水平高 1 倍以上（表 1-3）。

表 1-3   2000 年中国能源效率水平及其与国际先进水平对比

	相关指标	中国能效水平	与国际先进水平的差距
	单位产值能耗/（吨标准煤/百万美元）	1274	比日本高 8.7 倍
单位产品能耗	火电供电煤耗/（克标准煤/千瓦时）	392	高 22.5%
	吨钢可比能耗/千克标准煤	784	高 21.4%
	水泥综合能耗/（千克标准煤/吨）	181	高 45.3%
	合成氨综合能耗/（千克标准煤/吨）	1273	高 31.2%
主要耗能设备	燃煤工业锅炉平均运行效率	65%	低 15～20 个百分点
	中小电动机平均效率	87%	低 5%
	机动车燃油经济性水平	NA	比欧洲低 25%
	载货汽车百吨公里油耗/升	7.6	高一倍以上
	内河运输船舶油耗	NA	高 10%～20%
	单位建筑面积能耗	NA	是发达国家的 2～3 倍
	综合能源效率	33%	低 10 个百分点

资料来源：《节能中长期专项规划》

■ 第二节　环境问题

化石能源燃烧是中国大气污染物的主要来源[①]。据统计，中国二氧化硫（SO_2）排放量的 90%、烟尘排放量的 70% 及氮氧化物（NO_x）排放量的 67% 均来源于煤

[①] 由于本书着重关注与能源消费紧密相关的环境污染问题，此处仅讨论中国当前的大气污染状况；废水、固体废弃物污染未有涉及。

炭的直接与间接利用（周学双等，2010）。伴随着工业化与城镇化进程的加速发展，化石能源消费量迅速增加。而过量能源消耗所产生的二氧化硫、氮氧化物、总悬浮颗粒物（total suspended particulate，TSP）、粉尘、烟尘等大气污染物及各种温室气体［以二氧化碳（CO_2）为主］，在很大程度上引起环境质量的不断退化，进而给人们生活质量的改善乃至社会经济的可持续发展均造成了严重的阻碍。

一、大气环境污染

近年来，中国大气污染状况日趋严重。化石能源消耗量的迅速增长及以煤炭为主的能源结构，导致中国成为世界上大气污染物排放量最大的几个国家之一，也自然成为空气污染最严重的国家之一。1998 年国际卫生组织公布的全球空气污染最严重的 10 个城市（依次为太原、米兰、北京、乌鲁木齐、墨西哥城、兰州、重庆、济南、石家庄、德黑兰）中，有 7 个城市来自中国。近些年来，尽管中国各级政府在加大经济结构调整和环境保护力度，大气污染物排放量也得到了一定程度的控制，但与发达国家相比，空气质量方面依然存在着比较明显的差距。

2013 年，京津冀、长三角、珠三角等重点区域及直辖市、省会城市和计划单列市共 74 个城市按照新标准开展大气环境监测。依据《环境空气质量标准》（GB3095-2012）对 SO_2、NO_2、小于 10 微米的颗粒物（particulate matter with particle size below 10 microns，PM10）、小于 2.5 微米的颗粒物（particulate matter with particle size below 2.5 microns，PM2.5）年均值，一氧化碳日均值和臭氧日最大 8 小时均值进行空气质量评价：74 个城市中仅海口、舟山和拉萨 3 个城市空气质量达标，达标率仅为 4.1%。74 个城市平均达标天数比重为 60.5%，平均超标天数比重为 39.5%。10 个城市达标天数比重为 80%～100%，47 个城市达标天数比重为 50%～80%，17 个城市达标天数比重低于 50%。2013 年中国 74 个新标准第一阶段监测实施城市的大气污染状况详如图 1-5 所示。

总体来看，大气污染物的来源主要包括如下几个方面：①以煤为主的能源消费结构及重化工业行业（如钢铁、水泥、石化等）生产过程中所排放的各种污染物，导致城市大气总悬浮颗粒物严重超标；②城市机动车尾气排放剧增，氮氧化物污染呈现加重趋势，导致许多大城市的大气污染由传统的煤烟型向煤烟、交通、氧化型等并存的复合型污染转变；③大规模的建筑施工等人为活动，引起城市扬尘污染加重；④部分地区的生态系统破坏严重，导致许多地区沙尘暴污染有所加重；⑤由于硫氧化物、氮氧化物等致酸物质的排放量仍处于较高水平，全国 1/3 以上的国土面积成为"酸雨区"，其中以华中地区的酸雨危害最为严重。

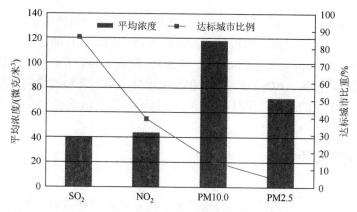

图 1-5　74 个新标准第一阶段监测实施城市 2013 年大气污染状况

上述大气污染物排放对中国生态环境乃至国民的健康状况均造成了严重的危害。陈仁杰等（2010）基于国内外的大气污染人群流行病学调查数据，采纳世界卫生组织和世界银行报告推荐的颗粒物健康效应阈值，对中国 113 个主要城市 2006 年的大气颗粒物污染相关健康经济损失进行了估算。研究结果表明：2006 年大气 PM10 污染对中国 113 个城市的居民造成了较大的健康损失，可引起 29.97 万例过早死亡，9.26 万例慢性支气管炎，762.51 万例内科门诊，16.59 万例心血管疾病住院和 8.90 万例呼吸系统疾病住院。折算成货币，总归因健康经济损失为 3414.03 亿元，其中由过早死亡造成的损失占 87.79%。因此，以煤炭为主的高碳黑色能源造成的环境问题引起了各方高度关注。

二、气候变化

化石能源消耗对生态环境最突出的影响乃是大量温室气体排放所引起的气候变化[①]。目前，大气中温室气体含量已经由工业革命前的 280ppm[②]二氧化碳当量上升至 430ppm 二氧化碳当量。温室气体浓度的快速增加，已导致全球气温上升约 0.5 摄氏度。由于气候系统惯性的存在，即使当前的温室气体浓度保持相对稳定，未来数十年全球气温还将继续上升至少 0.5 摄氏度。如此迅速的全球气候变化进程，将给世界经济带来不可估量的经济损失。据前世界银行首席经济师尼古拉斯·斯恩特预测，若不采取任何措施，未来数十年内气候变化将在全球范围内造成 5%～20%的 GDP 损失。

中国是遭受气候变化不利影响最为严重的国家之一。随着温室气体，特别是

---

① 2005 年，中国 84%的二氧化碳排放来自煤炭的利用。

② 1ppm=10^{-6}。

二氧化碳排放量的迅速增加（图 1-6），中国在过去 100 年中平均气温升高约 1.1 摄氏度，略高于同期全球平均升温幅度。其中，近 50 年内气候变暖的趋势尤为明显，给中国经济-社会-环境综合系统带来了显著的负面影响，主要表现在农牧业减产、生态系统退化、水资源短缺、海平面上升及对社会系统的危害等几方面。

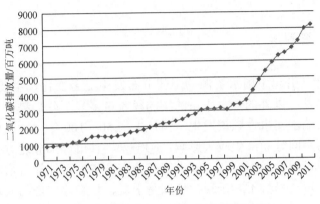

图 1-6　中国 1971 年以来二氧化碳排放量

（一）农牧业方面

气候变化对中国农牧业生产的负面影响已经显现，主要表现为：①农业生产不稳定性增加；②局部地区干旱高温危害严重；③气候变暖引起农作物发育期提前而加大早春冻害；④草原产量和质量有所下降；⑤气象灾害造成的农牧业损失增大。未来气候变化对农牧业的影响仍以负面影响为主。小麦、水稻和玉米三大作物均可能以减产为主。农业生产布局和结构将出现变化；土壤有机质分解加快；农作物病虫害出现的范围可能扩大；草地潜在荒漠化趋势加剧；原火灾发生频率将呈增加趋势；畜禽生产和繁殖能力可能受到影响，畜禽疫情发生风险加大。

（二）生态系统

政府间气候变化专门委员会（Intergovernmental Panel on Climate Change，IPCC）第四次评估报告《气候变化 2007：影响、适应和脆弱性》指出：气候变化和其他因素的综合作用可能会对生态系统造成不可恢复的影响。主要表现在森林面积锐减、生物多样性丧失、荒漠化面积增加、生境栖息地退化、生态系统部分功能丧失乃至极端灾害天气（气候）频发等方面。气候变化将使中国生态系统的脆弱性进一步加剧，主要表现在：①主要造林树种和一些珍稀树种分布范围缩小，森林病虫害的爆发频率和范围扩大，森林火灾发生频率和受灾面积增加；②内陆湖泊将进一步萎缩，湿地资源减少且功能不断退化；③冰川和冻土面积加速缩减，青藏高原生态系统多年冻土空间分布格局将发生显著变化；④生物多样性明显减少。

（三）水资源

气候变化已引起中国水资源的空间分布发生显著变化，主要表现为近 40 年来中国除黑龙江以外的七大水系的实测径流量多呈下降趋势，且北方干旱、南方洪涝等极端水文事件频繁发生。预计未来 50～100 年内，气候变化仍将对中国水资源的空间分布产生较大影响：①宁夏、甘肃等部分北方省份多年平均径流量可能明显减少，而湖北、湖南等部分南方省份可能显著增加；②中国北方地区水资源短缺形势不容乐观，特别是宁夏、甘肃等省份的人均水资源短缺矛盾可能加剧；③内蒙古、新疆、甘肃、宁夏等省份的水资源供需矛盾可能进一步加大。

（四）海平面上升

大气系统中温室气体含量的增加将导致全球平均气温的逐渐升高，气温的上升又会引起海水热膨胀，以及南北极和高海拔地区冰川的融化，进而导致海平面上升。海平面上升将会对全世界范围内沿海国家和小岛国的海岸带，尤其是滨海平原、河口三角洲、低洼地带等脆弱地区产生极大的威胁。据估计，如果未来海平面上升 0.5 米，每年将造成 9200 万人处于风暴潮引起的洪灾风险中。

与其他国家或地区相比，气候变化所引致的海平面上升对中国的威胁将最为严重。中国有 18 000 多千米的大陆海岸线和 14 000 多千米的岛屿岸线，不同程度地面临着海平面上升所带来的巨大威胁。例如，中国的三大经济中心，包括环渤海湾的北京—天津轴线、长三角的上海—南京—杭州城市群及珠三角的城市带，都处于低海拔地区。海平面上升一米，将导致上述三个地区 92 000 平方千米的土地被淹没（Zeng et al.，2008）。此外，气候变化引起的海平面上升还将导致海水入侵、土壤盐渍化、海岸侵蚀等问题，对滨海湿地、红树林和珊瑚礁等典型生态系统将造成不同程度的损害，并将降低海岸带生态系统的服务功能和海岸带生物多样性。

（五）社会系统

气候变化对社会系统的影响主要包括：①可能引起热浪频率和强度的增加，不仅直接影响人体健康，同时也会使传染性疾病的患病风险增加，扩大心血管病、疟疾、登革热和中暑等疾病发生的程度与范围；②气候变化可能引起极端降水频率和强度增加，导致城市内涝频发；③气候变化对若干气候敏感性极高的重大工程具有重要影响，包括沿海核电工程、三峡工程、南水北调工程、山地灾害防护工程、寒区公路铁路工程、沙漠化防治与水土保持工程、内陆河流域综合治理工程等（吴绍洪等，2014）。

第二章

"十一五"节能减排政策概述

为积极应对中国当前所面临的能源短缺与环境污染问题，中国政府及时做出了在"十一五"期间（2006～2010年）大力推进节能减排工作的战略部署。2007年，国务院印发了《节能减排综合性工作方案》（详见附录A），明确提出这一时期内全国节能减排工作目标，即到2010年年底，中国万元国内生产总值能耗由2005年的1.22吨标准煤下降到1吨标准煤以下，降低20%左右；主要污染物[二氧化硫和化学需氧量（chemical oxygen demand，COD）]排放总量减少10%。节能减排工作的提出和强力推进，是贯彻落实科学发展观、构建社会主义和谐社会的重大举措；是建设资源节约型和环境友好型社会的必然选择；是推进经济结构调整、转变经济发展方式的必由之路；是提高人民生活质量、维护中华民族长远利益的必然要求。为进一步落实节能减排工作任务，中央政府随后将上述目标以较为均等的方式分配到各省份（表2-1）。

表2-1 "十一五"节能减排目标分解落实

省份	万元 GDP 能耗		SO₂ 排放量		COD 排放量	
	2005 年/（吨标准煤/万元）	"十一五"计划降低率/%	2005 年/万吨	"十一五"计划减排率/%	2005 年/万吨	"十一五"计划减排率/%
北京	0.792	20	19.1	20.4	11.6	14.7
天津	1.046	20	26.5	9.4	14.6	9.6
河北	1.981	20	149.6	15.0	66.1	15.1
山西	2.890	22	151.6	14.0	38.7	13.2
内蒙古	2.475	22	145.6	3.8	29.7	6.7
辽宁	1.726	20	119.7	12.0	64.4	12.9
吉林	1.468	22	38.2	4.7	40.7	10.3

续表

省份	万元 GDP 能耗		SO₂ 排放量		COD 排放量	
	2005 年/（吨标准煤/万元）	"十一五"计划降低率/%	2005 年/万吨	"十一五"计划减排率/%	2005 年/万吨	"十一五"计划减排率/%
黑龙江	1.460	20	50.8	2.0	50.4	10.3
上海	0.889	20	51.3	25.9	30.4	14.8
江苏	0.920	20	137.3	18.0	96.6	15.1
浙江	0.897	20	86.0	15.0	59.5	15.1
安徽	1.216	20	57.1	4.0	44.4	6.5
福建	0.937	16	46.1	8.0	39.4	4.8
江西	1.057	20	61.3	7.0	45.7	5.0
山东	1.316	22	200.3	20.0	77.0	14.9
河南	1.396	20	162.5	14.0	72.1	10.8
湖北	1.510	20	71.7	7.8	61.6	5.0
湖南	1.472	20	91.9	9.0	89.5	10.1
广东	0.794	16	129.4	15.0	105.8	15.0
广西	1.222	15	102.3	9.9	107.0	12.1
海南	0.920	12	2.2	0.0	9.5	0.0
重庆	1.425	20	83.7	11.9	26.9	11.2
四川	1.600	20	129.9	11.9	78.3	5.0
贵州	2.813	20	135.8	15.0	22.6	7.1
云南	1.740	17	52.2	4.0	28.5	4.9
陕西	1.416	20	92.2	12.0	35.0	10.0
甘肃	2.260	20	56.3	0.0	18.2	7.7
青海	3.074	17	12.4	0.0	7.2	0.0
宁夏	4.140	20	34.3	9.3	14.3	14.7

资料来源：雷仲敏等（2013），《"十一五"期间全国主要污染物排放总量控制计划》（2006 年）

■ 第一节　节能政策

节能减排工作是一项极其复杂的系统工程，需综合运用经济、法律和必要的行政手段，通过调整和优化产业结构、全面实施重点工程、加快发展循环经济、加快技术开发和推广、加强节能减排管理、加大监督检查执法力度、形成激励和约束机制、提高全民节约意识、发挥政府节能表率作用等措施加以推进。

一、开发利用可再生能源

　　总体来看，中国政府在推进节能工作过程中所采取的措施主要可归纳为"开源"和"节流"两个方面。"开源"即大力开发利用可再生能源与新能源。近年来，中国政府制定诸多政策法规以促进可再生能源健康发展；同时，还不断加大对可再生能源领域的投资力度[①]。在此背景下，可再生能源行业得以迅速发展壮大。以风电行业为例，自2005年《中华人民共和国可再生能源法》颁布以来，中国风电总装机容量连续五年实现翻番，由2005年的127万千瓦飙升至2010年的4473万千瓦，一跃成为全球风电装机容量最大的国家；同时，光伏发电装机容量也实现了突飞猛进式的提升。截至2012年，中国可再生能源总装机容量和发电量均已稳居全球第一的位置，并远远超过其他国家（表2-2）。

表2-2　主要国家2012年可再生能源装机容量和发电量对比

国家	可再生能源装机容量/吉瓦	可再生能源发电量/太瓦时
中国	340	1002
美国	184	537
巴西	103	462
加拿大	86	403
德国	83	143
印度	67	150
日本	60	129
意大利	50	92
西班牙	50	92

资料来源：《中国可再生能源 2012》

二、提高能源利用效率

　　"节流"指的是减少单位产出或服务的能源投入，即提高能源利用效率。鉴于可再生能源发展所面临的种种现实困境，提高能源效率成为中国实现能源节约与环境保护双赢目标的最优选择。随着能源效率改进在节能减排工作中的作用被越来越清晰地认识，学者们对能源效率的影响因素进行了广泛而深入的研究。

---

① 2009 年，中国可再生能源领域投资总额超过美国居全球首位。

（一）能源效率影响因素研究述评

相关理论研究表明，中国能源经济效率的波动是受产业结构、技术进步、能源价格、能源结构与最终需求结构等因素共同作用的结果。

1. 产业结构效应

产业结构变动对能源效率的影响主要反映在"结构红利假说"中（魏楚和沈满洪，2009）。不同产业类型之间存在着较为显著的能源密度差异，第二产业特别是重化工业属于典型的能源密集型行业，在技术水平等其他因素相对稳定的前提下，其在经济结构中比例的增加将导致能源效率的降低，而服务性行业对能源的依赖性相对较弱。由于一个国家或地区的产业演变过程普遍受"配第-克拉克定律"所支配，产业结构变动对能源效率的影响一般呈现出库兹涅茨曲线的倒"U"形特征。

Andrews-Speed（2009）认为，导致中国 2002 年以后能源强度反向增长的主要原因是能源密集型行业的抬头，这一观点得到了其他研究者的纷纷赞同。李世祥（2010）分析指出，中国在 20 世纪后 20 年期间单位 GDP 能耗持续下降是由多方面因素（主要是政府行为方面）共同作用下的暂时现象，而并非经济发展到一定水平后市场力量促使经济结构自然演进的结果。同时指出，21 世纪初能源强度的上升主要是由中国重工业加速发展所导致的。Zhao 等（2010）的研究显示，导致中国 1998～2006 年能源强度反向上升的最主要动力是能源密集型行业的快速发展。杨中东（2010）通过对中国 2002～2007 年制造业分行业的能源效率进行分析发现，经济的周期性扩张特别是重化工业的快速发展是导致这一时期能源效率下降的重要因素。夏炎等（2010）的研究表明，中国 2002～2005 年能源强度反向上升是受到完全生产完全需要结构和最终需求结构双重作用的结果。

部分学者还运用数据包络分析（data envelopment analysis，DEA）方法考察产业结构对中国能源效率的影响。魏楚和沈满洪（2007）研究指出，1995～2004 年，第三产业在 GDP 中所占比重每上升 1%，能源效率将增长约 0.44%，且产业结构的影响在逐渐增加。唐玲和杨正林（2009）运用该方法对中国 1998～2007 年工业行业能源效率进行了测算，研究结果表明，开放程度高、竞争性强的行业能源效率较高，而开放程度低、垄断程度高的行业能源效率水平低。Shi 等（2010）在考虑非合意产出及最小化能源投入的前提下计算中国 28 个省份的工业能源效率，结果显示，大部分省份能源密集型的产业结构是导致工业化进程中大量能源损耗的主要原因。

2. 技术进步效应

技术进步主要由两部分组成：一是科技进步，指的是生产技术改进的大小，如新产品的发明、新技术的应用；二是技术效率，反映的是某个决策单元在投入因素不变的情况下，实际产出与最大产出的距离（李廉水和周勇，2006；董锋等，2010）。技术进步对能源效率的促进作用主要表现在提升可再生能源开发利用水平、提高能源终端利用效率、提高回收率、降低损失率等方面（吴巧生等，2002）。由于新技术、新设备、新工艺的出现，在相同产出下可以节约能源投入，或者相同投入下可以扩张产出（魏楚和沈满洪，2009；Fisher-Vanden et al.，2006）。然而，由于"回弹效应"（rebound effect）的存在，科技进步对能源效率影响的定量测度变得比较复杂（李廉水和周勇，2006；杨冕等，2011）。

Garbaccio 等（1999）分析指出，行业内技术进步是中国 1987～1992 年能源生产率升高的主要因素。Wei 等（2006）通过对中国 2010 年与 2020 年能源需求及能源强度进行模拟发现，技术进步对能源强度的影响最为显著，人口增长、收入水平与城市化进程对能源强度的影响则较为微弱。Ma 和 Stern（2008）研究发现，技术进步是中国 1980～2003 年能源强度降低的主要动力。Chai 等（2009）认为，科技进步与管理水平在中国 1980～2004 年能源效率变动过程中起着决定性的作用。

部分学者将各子行业能源强度的降低也纳入广义技术进步的范畴，并运用结构分解分析方法，测度技术进步与其他因素的变化（如产业结构变动）对区域能源强度的影响程度。Sinton 和 Levine（1994）发现，驱动中国 20 世纪 80 年代工业能源效率提升的主要动力来自各部门能源强度的降低，而产业结构调整仅占 30%左右的贡献份额。在此基础上，Zhang（2003）对分解方法进行了改进，并测度导致中国 1990～1997 年工业能源强度降低的主要因素，得出了与前者相近的结论。Liao 等（2007）研究指出，各子行业能源强度的降低对中国 1997～2002 年工业能源强度降低的贡献率为 106%，而产业结构效应为–6%。杨冕等（2010）对甘肃省 1985～2007 年能源强度变动的原因进行探析，指出甘肃省能源强度降低的主要原因是各产业能源利用效率的提高，而产业结构变动的贡献份额仅占 10%左右。此外，许多其他研究者在对全国或省际层面能源强度变化的因素分解分析中也得出了类似结论。

此外，李廉水和周勇（2006）将技术进步细分为科技进步、纯技术效率和规模效率三个方面，并运用非参数的 DEA-Malmquist 生产率方法估算其对能源效率的作用。研究显示，技术效率（纯技术效率与规模效率的乘积）是中国 1993～2003 年工业部门能源效率提高的主要原因，科技进步的贡献则相对较低。董锋等（2010）沿用这一思路，考虑了环境污染物产出因素，并将研究对象由行业层面换成区域层面；结果显示，科技进步对中国 1995～2006 年能源效率改善贡献率最大，纯技术效率和规模效率贡献率大致相当。

3. 能源价格效应

在竞争性市场环境下，相对于资本与劳动力而言，能源价格的高低将直接决定生产技术的选择；较高的能源价格将驱使生产者采用能源节约型技术，最终实现能源效率的改进，反之则导致能源依赖型技术的采用（Birol and Keppler，2000）。同时，由信息不对称与交易成本较高导致的市场调节障碍，以及由不合适的激励政策所造成的能源价格扭曲对能源效率的提升会产生不利影响（Howarth and Andersson，1993；Johnson，1992；Oikonomou et al.，2008）。

Johnson（1992）发现，中国 20 世纪 80 年代中期在电力行业实行的多重定价机制，导致电网企业更愿意购买价格较低而非能源效率较高的电厂的电力，进而造成整个行业能源效率的损失。Fisher-Vanden 等（2004）从企业层面对中国 1997～1999 年能源效率影响因素进行深入挖掘，研究结果表明，能源相对价格的上升对能源效率进步的贡献率高达 54%。Hang 和 Tu（2007）的研究显示，不同能源品种相对价格的升高促进了中国 1985～2004 年煤、石油和综合能源效率的改进，尽管价格效应在这一过程中表现出了非均衡性特征。刘畅等（2009）也发现，较高的能源价格将促进中国能源利用效率的提高，但能源价格效应存在显著的"逆向"非对称特征。Wang（2008）则认为，中国政府主导的能源价格形成机制无法反映资源稀缺程度与环境成本，较低的能源价格促进了能源密集型行业的过快增长，并对消费者行为产生误导，最终不利于能源效率的提高与温室气体减排。成金华和李世祥（2010）的研究表明，在市场经济条件下，合理调整能源价格是提高中国能源效率长期而稳定的政策工具。

4. 能源结构效应

能源消费结构对能效的影响主要体现在不同能源品种之间的加工转换效率差异。2008 年，中国能源加工转换总效率为 72%，但以煤炭为主要燃料的发电及供热行业能源加工转换率仅为 41%，而炼油行业的能源加工转换效率高达 97%以上。因此，以煤炭为主的能源消费结构是中国能源效率低于国际平均水平的重要原因之一。

史丹（2001）认为，受中国资源禀赋所限，依靠能源消费结构变动来降低中国能源强度的空间十分有限。其后续研究进一步显示，中国区域性能源效率高低与煤炭在一次能源消费结构中的比重密切相关，能源效率低的省份的煤炭消费比重一般在 80%以上（史丹，2006）。Guo 等（2008）的研究表明，煤炭在能源结构中的比重每降低 1%，将会导致中国能源强度降低 0.8267%。Feng 等（2009）在随后的研究中也得出了类似结论。但提高电力在能源结构中的份额将对改进中国能源生产率与能源效率产生积极的效果（Chang and Hu，2010）。

从能源结构与能源效率之间的动态关系来看，Han 等（2007）分析指出，中国能源结构变动对能源效率的影响呈现先阻碍（1978～1991 年）后促进（1991～2000 年）的作用过程，且在整个分析期内，一旦经济年均增长率超过 9%，能源结构就会对能源效率产生消极影响。Ma 和 Stern（2008）发现，各能源品种之间的相互替代对中国 1980～2003 年能源强度变化的影响不甚显著。杨冕等（2011）研究表明，1986～2007 年，中国能源消费结构变动在一定程度上阻碍了能源效率的提高。

5. 其他因素

部分学者认为，改革开放是促进中国能源效率提升的重要因素，其积极作用主要体现在迫使企业积极参与市场竞争，引进国外先进的技术设备及现代化的管理水平等方面（史丹，2002；曾贤刚，2010）。但同时，大量高载能产品的出口及国外已淘汰的生产技术与设备的进口，导致能源密集型技术的大面积扩散，是造成中国 1995～2004 年能源效率降低的主要原因（Ma et al.，2008，2009）。外商直接投资（foreign direct investment，FDI）也被认为是影响中国能源效率的因素之一。由于技术水平普遍高于国内企业，国际贸易技术溢出总体上促进了中国各地区全要素能源效率的提高（陈媛媛和李坤望，2010），但 FDI 企业通过进口贸易带来的国际研究与开发（research & development，R&D）溢出对中国西部地区能源效率产生一定的负面影响（滕玉华和刘长进，2010）。

此外，林伯强等（2007）认为：长期以来，中国不完善的煤炭价格机制造成的扭曲，不仅造成煤炭行业的效率损失，也间接导致其他行业能源使用的浪费。Fan 等（2007a）研究表明，1992 年以来，中国市场导向型经济改革的加速，导致能源价格弹性的降低，以及能源与资本、劳动力之间替代弹性的提升，对中国 1993 年以来能源效率的改进做出了积极的贡献。但由于受市场分割所限，各地区工业产业重复建设与国内市场壁垒导致中国经济发展缺乏规模效率，是造成工业能源效率低下的原因之一（师博和沈坤荣，2008；魏楚等，2010）。因此，改善行政与市场分割所造成的资源配置扭曲现象，对于降低全要素能源效率的损失有着重要意义（李治和李国平，2010）。

（二）节能及提高能效政策措施

为有效缓解中国日趋严峻的能源供应安全形势、促进"十一五"节能目标顺利实现，进入 21 世纪以来，中国能源效率政策主要围绕产业结构优化升级、先进节能技术工艺推广、能源价格调节、能源结构优化等几个方面共同展开。

1. 产业结构优化升级

工业，特别是高耗能行业在中国产业结构当中占有重要地位，也是中国能源消耗的主要载体。因此，对中国当前重型化的产业结构进行调整和优化升级，是提高能源效率的重要途径之一。早在 2003 年，中国政府便出台了一系列措施以防止高耗能行业的盲目扩张。例如，国务院办公厅于 2003 年 12 月转发了国家发展和改革委员会等部门的《关于制止钢铁行业盲目投资的若干意见》《关于制止电解铝行业违规建设盲目投资的若干意见》《关于防止水泥行业盲目投资加快结构调整的若干意见》。这些政策对抑制高耗能行业的盲目发展起到了积极的作用。为推动上述政策的有效落实,国务院又先后印发了《关于发布实施〈促进产业结构调整暂行规定〉的决定》《关于加快推进产能过剩行业结构调整的通知》,再次强调对产能过剩及高耗能、高污染行业进行严格管控。

淘汰高耗能行业的落后生产能力是调整经济结构、提高经济增长质量和效益的另一重要手段。早在1999年,国家经济贸易委员会出台《关于关停小火电机组有关问题的意见》,拉开了中国淘汰落后产能工作的序幕。2004年,国务院出台相关政策对电石、铁合金、焦炭等行业的落后产能进行清理整顿;随后,整顿范围进一步扩展至钢铁、水泥、电解铝、电力等行业。2007年发布的《节能减排综合性工作方案》,对"十一五"期间中国淘汰落后产能的目标进行了详细设定(表2-3),并指出将通过拒绝提供土地、信贷支持,吊销生产许可证和排污许可证,停止供水、供电,对地方政府进行"区域限批"等手段,迫使淘汰落后目标顺利实现。然而,由于落后产能在形成初期曾对中国社会主义工业化建设做出过历史性贡献,以及落后产能所在企业和当地政府将分别面临利润与税收方面的损失,淘汰落后产能工作的顺利开展遭受了诸多因素阻碍。为此,国务院于2010年发布《关于进一步加强淘汰落后产能工作的通知》,对淘汰落后产能目标责任进行分解落实,并指出采取强硬措施推进这项工作。

表2-3 "十一五"时期淘汰落后生产能力任务一览表

行业	内容	单位	淘汰任务
电力	实施"上大压小",关停小火电机组	万千瓦	5 000
炼铁	300立方米以下高炉	万吨	10 000
炼钢	年产20万吨及以下的小转炉、小电炉	万吨	5 500
电解铝	小型预焙槽	万吨	65
铁合金	6 300千伏安以下矿热炉	万吨	400
电石	6 300千伏安以下炉型电石产能	万吨	200
焦炭	炭化室高度4.3米以下的小机焦	万吨	8 000
水泥	等量替代机立窑水泥熟料	万吨	25 000
玻璃	落后平板玻璃	万重量箱	3 000
造纸	年产3.4万吨以下草浆生产装置、年产1.7万吨以下化学制浆生产线、排放不达标的年产1万吨以下以废纸为原料的纸厂	万吨	650
酒精	落后酒精生产工艺及年产3万吨以下企业	万吨	160
味精	年产3万吨以下味精生产企业	万吨	20
柠檬酸	环保不达标柠檬酸生产企业	万吨	8

资料来源:《节能减排综合性工作方案》

2. 先进节能技术工艺推广

当前，中国许多生产技术工艺与设备能效低，污染重，节能潜力巨大。例如，中国的燃煤工业锅炉平均运行效率为 60%～65%，平均运行效率比国外先进水平低 15～20 个百分点；每年排放烟尘约 200 万吨，二氧化硫约 600 万吨，是仅次于火电厂的第二大煤烟型污染源。因此，对节能型关键和共性技术的积极采用与推广是中国能源效率提升的主要途径。"十一五"期间，中国对先进的节能型生产技术工艺与设备的采用及推广主要依托"十大重点节能工程"和"千家耗能企业节能行动"两个项目展开。

1）十大重点节能工程

为贯彻落实《节能中长期专项规划》，中国于 2006 年启动实施十大重点节能工程，包括燃煤工业锅炉（窑炉）改造、区域热点联产、余热余压利用、节约和替代石油、电机系统节能、能量系统优化、建筑节能、绿色照明、政府机构节能、节能监测和技术服务体系建设等。十大重点节能工程的目标是在"十一五"期间节能 2.4 亿吨标准煤（未含替代石油）；同时，重点行业主要产品单位能耗指标总体达到或接近 21 世纪初国际先进水平。

为促进该项工程顺利实施，2007 年 8 月，财政部、国家发展和改革委员会联合发布《节能技术改造财政奖励资金管理暂行办法》（以下简称《暂行办法》），提出中央安排必要的引导资金，采取"以奖代补"方式对十大重点节能工程给予适当的支撑和奖励，奖励金额按项目技术改造完成后实际取得的节能量和规定的标准确定。根据《暂行办法》规定，对于节能量在 1 万吨标准煤以上的节能技术改造项目，其承担企业可分别获取 200 元/吨标准煤（东部地区）和 250 元/吨标准煤（中西部地区）的奖励资金支持。

2）千家耗能企业节能行动

为加强重点耗能企业节能管理、促进先进节能技术的广泛采用，2006 年 4 月，国家发展和改革委员会会同相关部门联合发布了《千家企业节能行动实施方案》，决定在重点耗能行业组织开展千家企业节能行动。千家企业是指钢铁、有色、煤炭、电力、石油石化、化工、建材、纺织、造纸等九个重点耗能行业规模以上独立核算企业，2004 年企业综合能源消费量达到 18 万吨标准煤以上，共 1008 家。千家企业 2004 年综合能源消费量合计 6.7 亿吨标准煤，占全国能源消费总量的33%，占工业能源消费量的将近一半。该项目的实施，旨在促进千家企业能源利用效率大幅度提高，主要产品单位能耗达到国内同行业先进水平，部分企业达到国际先进水平或行业领先水平；并实现节能 1 亿吨标准煤左右。

为确保上述目标顺利实现，千家企业需从落实节能目标责任，建立健全能源计量、统计制度，开展能源审计，编制节能规划，加快节能降耗技术改造，建立节能激励机制，加强节能宣传与培训等方面具体实施。据统计，"十一五"期间中国千家企业节能行动累计实现节能 1.5 亿吨标准煤;部分企业的单位产品能耗指标达到了国际先进水平。

3. 能源价格改革与调节

早在 20 世纪 90 年代,中国政府便开始着手通过推行化石能源价格市场化改革以提高能源利用效率。1992 年,中国共产党第十四次全国代表大会明确提出:中国经济体制改革的目标是建立社会主义市场经济体制。与之前的计划经济体制相比,社会主义市场经济体制的一个突出特点是充分发挥市场在资源配置过程中的基础性调节作用,通过价格机制来促进商品的供给与需求之间实现动态均衡。具体到能源资源配置问题上,在改革开放初期,中国化石能源(包括煤炭、石油、天然气等)的价格长期处于政府较为严格的管控之下,并且显著低于市场均衡价格,导致各种化石能源价格存在不同程度的市场扭曲,进而对其配置效率乃至宏观经济的全要素生产率产生巨大影响。随着中国特色社会主义市场经济体制目标的确立,中国政府于 20 世纪 90 年代初期开始推行能源价格的市场化改革,并逐步放松对能源价格的管控。例如,1998 年,国家对原油、成品油价格形成机制进行了重大改革,出台了《原油成品油价格改革方案》,这次改革基本上确立了与国际油价变化相适应、在政府调控下以市场形成价格为主的石油价格形成机制。随着这一系列改革的顺利推行,中国化石能源价格长期扭曲的现象得到了显著缓解,从很大程度上促进了其配置效率的提升。

另外,运用价格杠杆对能源需求及能源效率进行合理调控是能源政策制定的核心内容之一。为遏制高耗能行业盲目发展,早在 2004 年,国务院便开始对高耗能行业采取征收差别电价的方式,来遏制其低水平重复建设,淘汰落后生产能力,促进产业结构调整和技术升级。差别电价的具体政策内容为:根据生产技术工艺类型,将电解铝、铁合金、电石、烧碱、水泥、钢铁等六个高耗能行业的企业区分为淘汰类、限制类、允许类和鼓励类,并试行差别电价政策。其中,对允许和鼓励类企业,电价随各地区工业电价统一调整;对限制类和淘汰类企业,在正常电价基础上分别加征每千瓦时 0.02 元和 0.05 元的差别电价。

经过两年左右的实施,差别电价政策对促进中国产业结构调整和技术升级发挥了积极的作用,但其效果与预期相比仍存在一定的差距。2006 年 9 月,国务院发布《关于完善差别电价政策的意见》,提出将淘汰类企业差别电价加征标准由现行的 0.05 元逐步调整为 0.20 元,限制类企业的提价标准由现行的 0.02 元逐步调整为 0.05 元;并将黄磷、锌冶炼两个行业也纳入差别电价政策实施范围。2010 年 5 月,国家发展和改革委员会、国家电力监督委员会、国家能源局联合发布《关于清理对高耗能企业优惠电价等问题的通知》,规定将限制类企业执行的电价加价标准由每千瓦时 0.05 元提高到 0.10 元,淘汰类企业执行的电价加价标准则由每千瓦时 0.20 元提高到 0.30 元。差别电价的执行过程如表 2-4 所示。

表 2-4　差别电价政策实施过程

时间	全国平均工业电价	限制类		淘汰类	
		差别电价/（元/千瓦时）	成本上升比例/%	差别电价/（元/千瓦时）	成本上升比例/%
2004 年 6 月	NA	0.02	NA	0.05	NA
2006 年 10 月	0.64	0.03	4.7	0.10	15.6
2007 年 1 月	0.66	0.04	6.1	0.15	22.7
2008 年 1 月	0.66	0.05	7.6	0.20	30.3
2010 年 6 月	0.73	0.10	13.7	0.30	41.1

注：表中"差别电价"为各类企业在当地正常电价基础上所需额外支付的额度

此外，对能源利用效率低下的企业征收惩罚性电价也被纳入节能减排政策体系。2008 年，国家质量监督检验检疫总局、国家标准化管理委员会发布了 22 项主要耗能产品能耗限额标准，主要涉及钢铁、水泥、火电、电解铝、焦炭、铁合金等高耗能行业。2010 年 5 月，国务院发布了《关于进一步加大工作力度确保实现"十一五"节能减排目标》的通知，要求对能源消耗超过已有国家和地方规定的单位产品能耗（电耗）限额标准的企业，实行惩罚性电价政策。其中特别规定，对超过限额标准一倍以上的企业，比照淘汰类电价加价标准执行。

4. 建筑节能

近年来，中国建筑行业能耗呈现大幅上升趋势。据估计，当前中国建筑能耗已占全国能耗总量的 30%左右。随着城市化进程的不断加速及人们生活水平的日益提高，到 2020 年，这一比重预计将达到 35%以上。作为中国第二大能源消费领域，建筑行业蕴藏着巨大的节能潜力。例如，如果能够对建筑的围护结构、照明设备和空调采暖系统进行合理优化，在保证相同的室内热环境条件下，公共建筑能耗可降低 50%左右。同时，由于供暖系统运行效率低下，中国北方冬季供暖地区的商业和民用建筑能源浪费较为严重。中国现有建筑面积为 400 亿平方米，绝大部分为高能耗建筑，且每年新建建筑近 20 亿平米。如果继续执行节能水平较低的设计标准，将给中国带来沉重的能耗负担和环境治理困难。在此背景下，建筑行业全面节能势在必行。

建筑节能，是指建筑在选址、规划、设计、建造和使用过程中，通过采用节能型的建筑材料、产品和设备，执行建筑节能标准，加强建筑物所使用的节能设备的运行管理，合理设计建筑围护结构的热工性能，提高采暖、制冷、照明、通风、给排水和管道系统的运行效率，以及利用可再生能源，在保证建筑物使用功能和室内热环境质量的前提下，降低建筑能源消耗，合理、有效地利用能源。由此可见，建筑节能是一项系统工程，涉及规划、设计、管理、建筑、电力、工程等方方面面。在中国能源短缺和环境污染日益加剧的情况下，建筑节能的全面推行有利于从根本上促进能源资源的节约和合理利用，缓解资源环境与经济快速增长之间的矛盾，从而实现社会经济的可持续发展。

2006年9月，中国住房和城乡建设部下发《国务院关于加强节能工作的决定》的实施意见，提出在新建建筑节能、北方地区供热体制改革和既有居住建筑节能改造、大型公共建筑节能管理和改造、可再生能源在建筑中规模化应用及推广绿色照明等方面五管齐下，实现"十一五"期间建筑行业节约 1.1 亿吨标准煤的目标。其中，①通过加强监管，严格执行节能设计标准，实现新建建筑节能7000万吨标准煤；②通过既有建筑节能改造，深化供热体制改革，加强政府办公建筑和大型公共建筑节能运行管理与改造，实现节能3000万吨标准煤，大城市完成既有建筑节能改造的面积要占既有建筑总面积的25%，中等城市要完成15%，小城市要完成10%；③通过推广应用节能型照明器具，实现节能1040万吨标准煤；④太阳能、浅层地能等可再生能源应用面积占新建建筑面积的比例达 25%以上。各项措施的具体节能目标如表2-5所示。

表2-5 中国"十一五"与"十二五"期间建筑节能目标

主要措施		"十一五"期间/万吨标煤	"十二五"期间/万吨标煤
新建建筑节能	严寒寒冷地区	2 100	4 500
	夏热冬冷地区	2 400	
	夏热冬暖地区	220	
	全国新建公共建筑	2 280	
既有建筑节能改造	大城市（25%）	3 000	2 700
	中等城市（15%）		
	小城市（10%）		
加强建筑节能监管		NA	1 400
可再生能源在建筑中规模化应用		NA	3 000
推广绿色照明设备		1 040	NA
合计		11 040	11 600

5. 交通节能

尽管交通行业能耗量占全国能耗总量的份额相对较小，但其汽油和柴油消耗均占全国消耗总量的一半以上。因此，交通部门能源利用效率的改进对缓解中国石油供应安全具有重要的战略意义。国务院2007年发布的《节能减排综合性工作方案》，分别从优先发展城市公共交通、控制高耗油机动车发展、加快老旧汽车报废更新、推进替代能源汽车产业化等方面，强化对交通运输行业的节能管理。随后，有关交通运输行业节能减排工作的政策措施密集出台（表 2-6），为促进交通部门能源效率的改进提供了政策保障。其中，《公路水路交通节能中长期规划纲要》和《公路水路交通运输节能减排"十二五"规划》的出台，勾勒出了中国交通运输行业节能减排总体目标、主要任务及配套措施。

表 2-6 交通部门能源效率政策

年份	政策名称
2007	《关于进一步加强交通行业节能减排工作的意见》
2008	《公路水路交通节能中长期规划纲要》
2009	《资源节约型环境友好型公路水路交通发展政策》
2009	《道路运输车辆燃料消耗量检测和监督管理办法》
2010	《关于进一步加强道路客运运力调控推进行业节能减排工作的通知》
2011	《交通运输节能减排专项资金管理暂行办法》
2011	《公路水路交通运输节能减排"十二五"规划》

另外，财政部、交通部于 2011 年联合发布《交通运输节能减排专项资金管理暂行办法》，指出"十二五"期间中央财政将安排适当资金用于支持公路水路交通运输节能减排。根据规定，专项资金的使用原则上采取以奖代补方式；根据年节能量按每吨标准煤不超过 600 元给予奖励，或采用替代燃料的按被替代燃料每吨标准油不超过 2000 元给予奖励。

第二节 二氧化硫减排政策

作为"酸雨"形成的罪魁祸首，二氧化硫减排受到了社会各界的广泛关注。为顺利完成中央政府所制定的"十一五"期间全国二氧化硫排放总量降低 10%的目标，各省份采取了多项措施力促二氧化硫减排，归纳起来主要包括结构减排、工程减排和管理减排三个方面。

一、结构减排

结构减排，是指通过产业结构与能源结构的优化调整、淘汰落后生产能力等途径而实现主要污染物排放总量减排的一项措施，主要以电力、钢铁、化工、建材等行业中技术工艺落后、能耗高、污染重的企业（或产能）为减排对象。以火电行业为例，2007 年，国家发展和改革委员会发布《关于加快关停小火电机组的若干意见》，明确提出在大电网覆盖范围内逐步关停以下燃煤（油）机组：①单机容量 5 万千瓦以下的常规火电机组；②运行满 20 年、单机容量 10 万千瓦级以下的常规火电机组；③按照设计寿命服役期满、单机 20 万千瓦以下的各类机组；④供电标准煤耗高出 2005 年本省（自治区、直辖市）平均水平 10%或全国平均水平 15%的各类燃煤机组；⑤未达到环保排放标准的各类机组。

面对 2006 年中国大部分省份二氧化硫不降反升的事实，2007 年开始，各级地方政府纷纷采取"上大压小"、减量置换、限期淘汰等措施，促使能耗高、污染重的企业退出市场。整个"十一五"期间，中国累计关停小火电机组 7682 万千瓦，淘汰落后炼铁产能 12 000 万吨、炼钢产能 7200 万吨、水泥产能 3.7 亿吨；总共节约标准煤近 1 亿吨。此外，为保障淘汰落后产能工作的顺利推进，中央政府还采取一系列有效措施对此进行鼓励和约束，如中央财政设立专项资金对经济欠发达地区淘汰落后产能给予奖励。相反，对未按期完成淘汰落后产能任务的地区，环保部门暂停对该地区项目的环评、核准和审批；对未按要求淘汰落后产能的企业，有关部门依据有关法律法规责令其停产或予以关闭。

二、工程减排

工程减排是指采取污染治理工程而实现主要污染物总量减排的一项减排措施。具体到二氧化硫减排来说，是指对污染排放企业安装脱硫设施，以减少其二氧化硫的直接排放。火电行业二氧化硫排放约占中国二氧化硫排放总量的 50%，因此成为中国二氧化硫工程减排的主战场。据统计，截至 2005 年年底，中国仅有 12%左右的火电机组安装了脱硫设施。随着工程减排的不断推进，整个"十一五"期间，全国累计建成运行 5 亿千瓦燃煤电厂脱硫设施，火电脱硫机组比重从最初的 12%提高到"十一五"末的 80%以上。2010 年，中国火电行业二氧化硫排放量占全国排放总量的比重已经由 2005 年的 45.8%降低至 41.2%。同时，钢铁、水泥、电解铝等行业二氧化硫工程减排措施也在有序推进。

为鼓励火电机组烟气脱硫设施建设，国家发展和改革委员会会同国家环境保护总局于 2007 年下发《燃煤发电机组脱硫电价及脱硫设施运行管理办法（试行）》（发改价格〔2007〕1176 号），明确了新（扩）建燃煤机组必须按照环保规定同步建设脱硫设施；安装脱硫设施后，其上网电量执行在现行上网电价基础上每千瓦时加价 0.015 元的脱硫加价政策（电厂使用的煤炭平均含硫量大于 2%或低于 0.5%的省份，脱硫加价标准可单独制定）。为提高脱硫设施投运效率，该办法还将脱硫电价与脱硫设施的运行效率紧密挂钩，即脱硫设施投运率在 90%以上的，扣减停运时间所发电量的脱硫电价款；脱硫设施投运率为 80%～90%的，扣减停运时间所发电量的脱硫电价款并处 1 倍罚款；脱硫设施投运率低于 80%的，扣减停运时间所发电量的脱硫电价款并处 5 倍罚款。

三、管理减排

管理减排也称监管减排，主要是通过制定严格的排放标准、实行实时在线监测、实施清洁生产审核、加强环境监督执法等环境管理手段，削减新增污染物排放，实现主要污染物总量控制的目标。与结构减排和工程减排并列，管理减排也是政府促进主要污染物总量控制、推动污染物减排的重要途径之一。进入 21 世纪以来，中国的管理减排从政府到企业，从立法到实践，都经历了多种形式的尝试。为支持企业实行管理减排，中国政府先后颁布了一系列条例和细则，成为企业管理减排的行为准则和执行依据。相关管理办法详如表 2-7 所示。

表 2-7　21 世纪以来中国管理减排相关管理办法

管理减排类型	管理办法	年份	核心内容
减排的"考核、监测、统计"三大体系建设	《污染源自动监控管理办法》	2005	地方政府负责建立本地区三大体系和污染物排放总量台账；考核结果实行问责制和"一票否决"制
	《主要污染物总量减排考核办法》	2007	
	《主要污染物总量减排监测办法》	2007	
	《主要污染物总量减排统计办法》	2007	
	《污染源自动监控设施运行管理办法》	2008	
减排核算方面	《主要污染物总量减排核算细则》	2007	核算与环境统计制度相结合，现场核查与资料审核相结合
	《主要污染物总量减排核算细则（试行）》	2011	
清洁生产审核方面	《中华人民共和国清洁生产促进法》	2002	对"双超""两有"等重点企业实施强制性清洁生产审核；重点企业清洁生产审核工作纳入当地政府年度考核体系，逐步建立重点企业清洁生产审核公报制度
	《清洁生产审核暂行办法》	2004	
	《重点企业清洁生产审核程序的规定》	2005	
	《关于进一步加强重点企业清洁生产审核工作的通知》	2008	
环境执法方面	《环境影响评价法》	2003	建立环境监测机构和环境执法机构的协作配合机制。建立监督性监测异常数据的后续应用情况反馈制度
	《规划环境影响评价条例》	2009	
	《关于加强污染源监督性监测数据在环境执法中应用的通知》	2011	

资料来源：高歌（2011）

需要特别指出的是，在"十一五"期间，中国主要污染物减排成效的取得主要依赖工程减排。据统计，工程减排和结构减排对二氧化硫和化学需氧量的贡献率在 90%以上，相比之下管理减排的作用却微不足道。因此，继续通过工程技术手段来促进污染物总量减排的边际成本必将显著增加，减排难度也明显增大。在继续细化工程减排的同时，在转向结构减排为重点的过程中向管理减排要效益已成为环保部门的工作重点，而创新机制体制，完善制度减排，保障减排实施是管理减排的关键（相震，2012）。

第三节 "十一五"节能减排成效

一、节能成效

改革开放以来，中国能源强度经历了持续且快速的下降趋势，这一良好势头一直保持至 2000 年左右。在 1980～2000 年，中国单位 GDP 能耗年均下降 5.1%，能源消费弹性系数仅为 0.43，实现了经济增长所需能源一半靠开发，一半靠节约的目标。2002 年以来，随着产业结构向重型化方向转移，中国能源强度经历了短暂的增长势头。为抑制能源强度快速反弹的趋势，国务院及时做出在"十一五"期间推行节能减排工作的战略部署。随着能源效率政策的顺利实施，2006 年以后，中国单位 GDP 能耗重新步入持续下降的轨道（图 2-1）。同时，能源消费弹性系数由"十五"时期的 1.04 迅速下降到"十一五"时期的 0.59。据统计，在整个"十一五"期间，中国能源强度降低 19.1%，相当于节约标准煤 6.1 亿吨和减排二氧化碳 15.1 亿吨（Yuan et al., 2011）。如果"十二五"期间中国政府所设定的能源强度降低 16%和二氧化碳排放强度降低 17%的目标均可顺利实现，则 2006～2015 年可合计节约能源 14 亿吨标准煤，同时减排二氧化碳 30 多亿吨，相当于美国 2010年二氧化碳排放总量的 60%以上（Liu et al., 2013）。

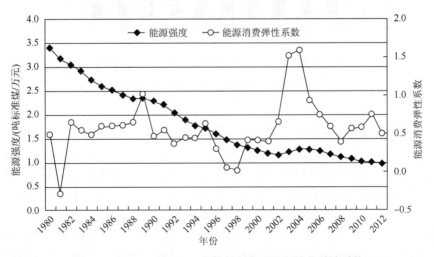

图 2-1 中国 1980～2012 年能耗强度及能源消费弹性系数

另外，随着十大重点节能工程、千家耗能企业节能行动等工作顺利推进，先进且具有共性的节能技术被企业广泛采用，促进中国高耗能行业的能源利用效率显著提升。1990～2010年，中国钢铁、水泥、电解铝、火电等高耗能产品单位能耗迅速降低，部分企业的单位产品能耗逐步接近国际先进水平。同时，随着淘汰落后产能、差别电价等政策的逐步深入，节能型技术设备及生产工艺得到不断推广。例如，2010年与2005年相比，电力行业300兆瓦以上火电机组占火电装机容量的比重由50%上升到73%，从而导致火电机组的平均单机容量也得以显著增加（图2-2）；同时，钢铁行业1000立方米以上大型高炉产能比重由48%上升到61%，建材行业新型干法水泥熟料产量比重由39%上升到81%。此外，随着中央财政对节能技术改造项目的资助力度不断增强，节能型技术的普及率得以显著提高。例如，2010年与2005年相比，钢铁行业干熄焦技术普及率由不足30%提高到80%以上，水泥行业低温余热回收发电技术普及率由开始起步提高到55%，烧碱行业离子膜法烧碱技术普及率由29%提高到84%。

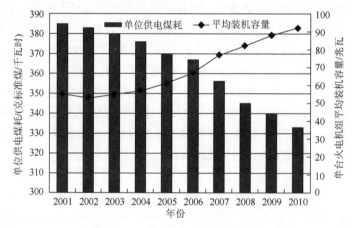

图 2-2　中国火电机组平均单机容量和单位供电煤耗（2001～2010年）

资料来源：《中国电力工业统计数据分析 2011》

此外，随着能源价格体系改革的不断深入，中国主要能源产品价格市场化的格局正在形成。2012年，中共中央召开第十八次全国代表大会，会议进一步指出："深化资源性产品价格和税费改革，建立反映市场供求和资源稀缺程度、体现生态价值和代际补偿的资源有偿使用制度和生态补偿制度。"根据上述目标，中国政府对煤炭、石油、天然气等主要能源产品定价机制采取了渐进式的改革，并取得了较为丰硕的成果。截至2013年，中国煤炭定价机制在经历了双轨制、部分地区市场定价后，最终实现了完全意义上的市场化。另外，成品油价格与国际市场接轨的步伐显著加快，主要表现为：成品油调价周期由之前的 22 个工作日缩短至 10 个工作日，且调价幅度的限制也被取消。同时，天然气价格改革也被提上日程。2011 年年底，国家发展和改革委员会宣布在广东、广西两省（自治区）开展天然气价格形成机制改革试点，将现行的以"成本加成"为主的定价方法改为按"市场净回值"方法定价。该项试点工作为推动中国天然气价格最终实现市场化迈出了"实质性"的一步。此外，中国政府正在积极酝酿推出资源税、环境税等一系列税制改革，以尽快终结长期以来化石能源消费的资源占用及环境损害无成本局面，从而为进一步塑造市场化的能效机制提供制度基础。

二、二氧化硫减排成效

由于产业惯性的存在，以及各级政府未能对节能减排工作给予足够的重视，2006 年，中国二氧化硫排放总量不但没有降低，反而增加 1.5%。但此后随着结构减排、工程减排、管理减排等各项措施的有序推进，中国"十一五"期间二氧化硫减排工作取得了显著的成效：在能源消费总量增加 30%左右的前提下，二氧化硫排放总量由 2005 年的 2549 万吨降低到 2010 年的 2185 万吨，累计降低 14.29%，大幅超额完成《节能减排综合性工作方案》所设定的 10%的减排目标。其中，火电行业二氧化硫减排效果显得尤为突出，燃煤电厂投产运行脱硫机组容量达 5.78 亿千瓦，占全部火电机组容量的 82.6%。在火电装机容量快速上升的情况下，电力行业二氧化硫排放量由 2005 年的 1167 万吨降低到 2010 年的 900 万吨，降低率高达 22.9%。中国 2000～2010 年二氧化硫排放总量及电力行业二氧化硫排放量如图 2-3 所示。

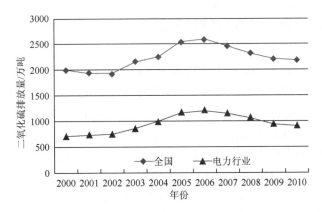

图 2-3　中国 2000～2010 年二氧化硫排放量变化趋势

资料来源：《中国环境统计年鉴 2011》《中国统计年鉴 2011》

第四节　节能减排工作存在的问题

虽然"十一五"期间中国节能减排工作取得了积极进展和巨大成效，但各行为主体和利益相关方在节能减排工作的思想认识、工作进度、政策机制、基础能力等方面都存在着不小的差距。总体看来，节能减排工作依然存在着如下几个方面的问题有待进一步解决和提升。

一、认识不到位，经济发展方式依然粗放

一些地方政府对节能减排的紧迫性和艰巨性认识不足，片面追求经济增长，对调结构、转方式重视不够，不能正确处理经济发展与节能减排的关系。中央提出不要简单以 GDP 论英雄，要更加注重发展的质量和效益。但部分地方的认识还没有完全适应新形势、新任务的要求，对传统发展路径的依赖尤为明显，有的认为节能减排是对经济发展"做减法"，对淘汰落后产能决心不大，有的甚至还在上一些高消耗、高排放和产能过剩项目，导致产业结构调整进展缓慢。"十一五"期间，中国第三产业增加值占国内生产总值的比重低于预期目标，重工业占工业总产值的比重甚至由 68.1%上升到 70.9%；高耗能、高排放产业增长过快，结构节能目标没有实现。由此可见，节能减排工作还存在思想认识不深入、政策措施不落实、监督检查不到位、激励约束不强等问题。

二、手段单一，效果持续性不足

现有节能减排效果的实现主要依赖于工程技术手段。"十一五"时期，通过实施节能减排重点工程，形成节能能力 3.4 亿吨标准煤（其中，十大节能工程累计实现节能 2.5 亿吨标准煤，千家企业节能行动累计实现 1.5 亿吨标准煤；因两者有交叉，所以累计节能 3.4 亿吨标准煤）。主要污染物减排方面，新增城镇污水日处理能力 6500 万吨，城市污水处理率达到 77%；燃煤电厂投产运行脱硫机组容量达 5.78亿千瓦，占全部火电机组容量的 82.6%。然而，随着节能减排工程项目建设不断深入，"低悬的果实"逐步被采摘完；依赖工程技术手段实现节能减排的边际成本将不断增加，难度也将随之增大。由此可见，"十二五"期间，继续依靠工程技术手段推进节能减排的效果将显著减弱（表 2-8）。

表 2-8　"十一五"和"十二五"期间部分高耗能产品能效对比

产品	单位	2005 年	2010 年	"十一五"降低率/%	2015 年目标	"十二五"预计降低率/%
火电供电煤耗	克标准煤/千瓦时	370	333	10.0	325	2.40
吨钢综合能耗	千克标准煤/吨	688	605	12.1	580	4.13
水泥综合能耗	千克标准煤/吨	159	115	28.6	112	3.61
乙烯综合能耗	千克标准油/吨	700	620	11.3	600	3.23
合成氨综合能耗	千克标准煤/吨	1 636	1 402	14.3	1 350	4.71
铝锭综合电耗	千瓦时/吨	14 633	14 013	4.2	13 300	5.09

资料来源:《节能中长期专项规划》《节能减排"十二五"规划》

三、政策机制不完善,效果存在片面性

经过各级政府的不懈努力和全社会的广泛参与,"十一五"期间,中国在能源节约与主要污染物减排方面取得了显著效果:单位 GDP 能耗降低 19.1%;二氧化硫和化学需氧量排放总量分别降低 14.25%和 12.49%,超额完成减排任务。然而,现有节能减排成效的取得主要依赖政府行政命令型的政策法规强力推进,而基于市场机制的政策措施采用则严重不足。由于开展节能减排工作(特别是污染物减排)会导致企业付出较大的经济成本,企业对此缺乏足够的积极性。最终,仅有少量纳入约束性指标的主要污染物(如二氧化硫和化学需氧量)排放总量降低,而与之形成鲜明对比的是,其他未被纳入减排约束性指标的污染物(如工业废气、废水)的排放量则有增无减(图 2-4)。例如,近年来雾霾问题频现,主要是氮氧化物、烟尘、粉尘等污染物排放量上升,以及机动车污染物排放增加、施工扬尘、秸秆焚烧、露天烧烤等原因所致。

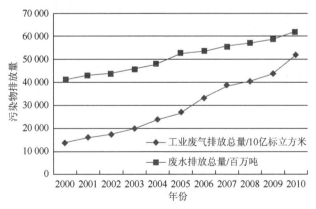

图 2-4　中国 2000~2010 年部分污染物排放量变化率

资料来源:《中国环境统计年鉴 2011》

四、基础工作薄弱，监管机制不健全

中央与地方节能统计数据衔接不够。节能环保标准制定不完善，有的标准缺失，有的标准没有及时修订，满足不了工作需要。能源消费和污染物排放计量、统计体系建设滞后。执法能力偏弱，执法不严，守法成本高、违法成本低的问题仍未有效解决，导致违法排污现象屡禁不止。

在一些地方，部门监管责任不清，联动机制不完善，部门职能重叠交叉，监督管理标准不统一，客观上削弱了节能减排工作合力。现有节能减排相关法律法规制度标准体系尚不健全，难以对节能减排形成有力保障。同时，监管能力也有待进一步提高，一方面地方监管人员不足、能力建设滞后；另一方面存在监管过度依赖行政命令，监管手段单一的现象。

第三章

生产要素替代

能源政策设计与分析的一个核心问题是：在经济活动中，能源能在多大程度上被其他生产要素所替代，以及这一替代将对未来的经济发展方式产生何种程度的影响（Ozatalay et al.，1979）。当前，中国正处于工业化和城镇化的加速发展时期，对能源的刚性需求不断增加，进而引发了一系列严重的能源与环境问题。为了减轻经济增长对能源的依赖程度，其根本性举措是调整经济发展方式，优化升级产业结构。但由于经济发展方式的调整和产业结构优化升级是一个长期过程，不可能一蹴而就，而中国能源短缺与环境恶化问题的解决又刻不容缓，必须采取一系列有效政策，积极引导经济增长过程中其他生产要素（如资本、劳动）对能源进行替代，缓解经济发展对能源的依赖程度。正如 Field 和 Grebenstein（1980）所言，能源被其他生产要素所替代的难易水平是预测能源短缺对经济增长约束程度的一个关键因素。当然，从长远来看，引导其他生产要素替代能源有利于促进产业结构升级和经济发展方式转型。

第一节 生产要素密集度与产业类型划分

生产要素是指进行社会生产经营活动时所需要的各种社会资源，是维系国民经济运行及市场主体生产经营过程中所必须具备的基本因素。现代西方经济学认为生产要素主要包括劳动力、土地、资本、企业家才能四种。随着科技的发展和知识产权制度的逐步建立，技术、信息也作为相对独立的要素投入生产。这些生产要素进行市场交换，形成各种各样的生产要素价格及其体系。

生产要素是一个动态的概念，它的内涵和外延随着经济发展和技术进步在不断扩大。在技术水平固定的情况下，追求利润最大化的产品生产对应于一个相对稳定的要素使用比例。随着有偏的技术进步发生（如节约劳动的技术进步、节约能源的技术进步等），产品的要素使用比例也会逐渐发生改变。同时，生产要素价格和要素资源禀赋也是影响要素密集度的重要因素。由于不同产业在技术环境、市场环境等方面存在较大差异，各产业在生产中投入的生产要素比例也存在较大差别。根据各产业生产要素的相对比例差异，可以将产业部门划分为劳动密集型、资本密集型和技术（或知识）密集型等类型（黄桂田，2012）。一般而言，生产要素密集型产业的演进遵循着由劳动密集型产业向资本密集型产业，进而向技术密集型产业依次转变的规律（李耀新，1995）。因而，对于某个国家或地区而言，通过考察其各种生产要素密集型产业占经济总量的比重，可以粗略地判断该国经济发展的总体水平。如果该国劳动密集型产业占经济总量的比重较大，则表明其经济发展水平相对较低；相反，若该国的知识（或技术）密集型产业占经济总量的比重较大，则表明其经济发展水平越高。

第二节　生产要素替代的动因

产业结构演进规律（产业类型由劳动密集型产业向资本密集型产业，并最终向技术密集型产业演进）的实质，是各种生产要素在不同产业部门之间的流动与优化配置。究竟是何种力量推动着这一现象的发生？经济发展过程中生产要素再配置的规模与方向由哪些因素决定？对于上述问题的回答，就涉及一个较为核心的理论问题，即不同生产要素之间相互替代的动因探析、替代程度与方向，以及生产要素相互替代的经济与资源环境效应。

通常情况下，生产要素价格越高，企业对该种生产要素的需求也相对越少。相反，生产要素价格越低，企业对这种生产要素的需求量相对越高。由此可见，生产要素市场价格是决定其需求的关键因素。目前现行的生产要素价格体系，使得在生产技术水平相对稳定的情况下，追求每种产品生产成本最小化目标都对应一个较为确定的生产要素组合。而正是根据这种生产要素组合状况，可以确定该产品所隶属行业的类型。

然而，与生产要素绝对价格相比，厂商在对生产要素需求量进行决策时，通常更加关注不同生产要素之间的相对价格。当某一种生产要素价格发生改变，或者随着某种生产要素变得日益短缺而造成供应不足时，生产部门会在保持产品产量不变的前提下对生产要素的投入比例进行合理调整，生产要素之间相互替代由此发生。比如，在技术水平相对稳定的情况下，生产过程中资本与劳动的投入组合在很大程度上取决于这两种生产要素的相对价格。当劳动力价格突然升高时，企业将会考虑使用更多的资本来替代劳动力。如此一来，生产过程中资本需求量增加而劳动力需求量减少，最终导致资本对劳动力的替代。相反，当资本价格相对于劳动力价格上升时，终将导致生产过程中劳动力对资本产生替代。由此可见，引导各种生产要素之间比价关系的动态变化与合理调整，是促进生产要素之间相互替代的重要手段。一般而言，生产要素市场价格的变动主要通过市场自发调节和政府行政调控两种方式来实现。

一、市场调节

某种生产要素的市场价格，首先取决于市场对该种生产要素的供需状况。当某种生产要素市场供给充裕而需求不足时，生产要素价格将会降低；相反，当某种生产要素市场需求旺盛而供给相对短缺时，生产要素价格无疑将上涨。由此可见，通过对生产要素的市场供需状况进行充分考察和调研，合理地确定、调整生产要素的市场供需状况，是促进生产要素价格体系优化，进而引导生产要素之间相互替代的重要途径。

二、行政调控

然而，市场并不是万能的。由于外部性、垄断势力、信息不对称、公共物品等诸多因素的存在，市场也会出现失灵的情况。特别是当涉及环境要素、环境保护等外部性问题，以及国有资源开发等共有资源问题时，单纯依靠市场的力量来调节生产要素价格显得有些力不从心。因此，必须在很大程度上依靠政府的宏观调控措施。例如，当经济增长过度依赖于能源资源，而能源市场价格由于受开采成本较低的现实状况影响而长期在低位徘徊时，能源需求便迅速飙升，从而在一定程度上挤占资本、劳动力等其他生产要素在经济增长中的贡献份额。在此情况下，能源短缺和能源供应安全问题将接踵而至。为有效缓解能源供需矛盾，减轻经济增长对能源投入的过度依赖，必须采取适当措施以提高能源的相对价格，或通过对能源的开采（或使用）进行征税的方式，来增加能源的使用成本，进而促进资本、劳动力等生产要素对能源的替代。

■ 第三节 边际技术替代率

为进一步厘清生产要素相对价格调整对生产要素组合的影响，此处引入一个重要概念——边际技术替代率。在讨论边际技术替代率之前，需简要介绍一下等产量曲线。为简便起见，生产要素之间相互替代可用两种投入（资本、劳动力）情形下的等产量曲线来表达。等产量曲线是指在技术水平不变的条件下，生产一定产量的两种生产要素投入量的所有不同组合的轨迹（图3-1）。因此，在保持产量不变的前提下，一种生产要素投入量的减少，将同时伴随着另一种生产要素投入量的增加。

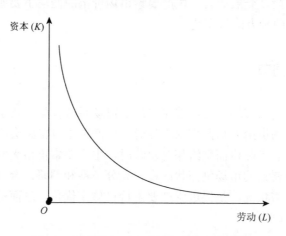

图 3-1　两种投入要素下等产量曲线示意图

一条等产量曲线表示一个既定的产量水平可以由两种可变要素的各种不同数量的组合生产出来。这意味着生产者可以通过两种要素之间的相互替代，来维持一个既定的产量水平。如图 3-1 所示，在产量不变的情况下，随着资本投入量的逐步减少，劳动力投入量不断增加，即劳动力对资本形成了替代。两种要素之间相互替代的关系，可用边际技术替代率（marginal rate of technical substitution，MRTS）来表示。所谓边际技术替代率，即在维持产量水平不变的条件下，增加一单位某种生产要素的投入量时所减少的另一种要素的投入数量。具体来看，劳动对资本的边际技术替代率可用公式表示如下：

$$\text{MRTS}_{LK} = -\frac{\Delta K}{\Delta L}$$

式中，ΔK 和 ΔL 分别表示资本投入量的变化量和劳动投入量的变化量。公式中加一个负号是为了使 MRTS 值在一般情况下为正值，以便于比较（高鸿业，2013）。

■ 第四节　要素替代的历史演变

本节从第一次工业革命以来全球经济增长的视角，简要回顾生产要素之间相互替代关系的动态演变过程，以及上述过程对全球主导产业结构优化升级的巨大推动作用。

一、第一次工业革命——能源替代简单劳动力

生产要素之间相互替代对经济发展产生深远影响的历史最早可追溯到 18 世纪中叶在英国爆发的第一次工业革命。工业革命爆发前夕，随着资本主义开始萌芽，棉纺织业在英国逐步兴起。以劳动密集型为主要特征的棉纺织业，客观上加强了劳动力的专业技术分工，并训练了大批有技术、有经验的工人。随着专业分工的不断深化，工匠、技师们开始尝试从技术层面对生产工艺进行改造，以达到提高劳动生产率的目的。通过对前人经验的不断总结，并结合自己的大量实践，来自格拉斯哥大学的机械制造工瓦特终于在 1782 年发明了改良蒸汽机（联动式蒸汽机），第一次成功地将热能转化为有效率的机械运动。改良蒸汽机的发明与广泛应用，标志着第一次工业革命的兴起。

此后，以煤炭为燃料、以蒸汽为动力的蒸汽机成功地取代了传统的手工劳动，促进了社会生产方式的根本性变革，并极大地提高了社会生产率。例如，要纺织 100 磅[①]的棉花，印度手工纺线需要用 50 000 个劳动工作时，一台以蒸汽为动力的骡机（1795 年）需 300 个工作时，而使用罗伯特的自动化骡机（1825 年）仅需 135 个工作时（李宏图，2009）。经过数十年的快速发展，到 19 世纪三四十年代，英国已建立了纺织、冶金、煤炭、机器制造和交通运输五大工业部门；其生铁产量占全世界总产量的一半，纺织品行销世界各地（聂运麟，2002）。正如马克思与恩格斯在《共产党宣言》中所描述的："资产阶级在短短 100 年时间内所创造出来的财富超过以往所有时代的总和。"

随着资本主义社会生产力的迅速提高，新兴的资产阶级竭尽全力建立并维护自己的政治制度。英国资产阶级依靠政权的强制力量，通过对内实行"圈地运动"、对外进行疯狂的殖民掠夺，以实现资本的原始积累，并促进资本主义制度的最终确立。从社会生产方式来看，第一次工业革命的爆发，引导着机器大工业对传统的工场手工业进行取代，人类由此进入了"蒸汽时代"；而从生产要素的替代关系来看，第一次工业革命是生产技术实现巨大突破前提下的能源（特别是煤炭资源）替代简单劳动力的过程。上述替代促进了纺织、交通运输等轻工业行业的迅速发展，并引导了社会主导产业由劳动密集型向能源（资源）密集型转变（图 3-2）。

随着煤炭、纺织、冶金等工业行业的迅猛发展及城市化进程的不断加速，能源与环境问题也随之产生。据估计，1800 年，英国的煤产量在 1000 万吨左右，而到 1913 年，煤产量激增至 28 700 万吨。同时，煤炭燃烧过程中排放的二氧化硫、

[①] 1 磅=0.453 592 千克。

烟气、粉尘等污染物，对大气环境造成了巨大的破坏。当时以烟煤为主要燃料的城市，如伦敦、曼彻斯特、谢菲尔德、格拉斯哥等，无不饱受严重的大气污染之苦。此外，化学印染、制革、制碱、制皂等一系列化学工业的兴起，对当地河流造成的污染极其严重。最典型的就是伦敦的泰晤士河，由于工业污水不加处理即直接排入河中，本来清澈怡人的"母亲河"变成了奇臭无比的污水河。

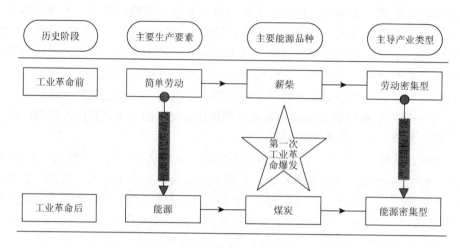

图 3-2   第一次工业革命能源替代简单劳动示意图

二、第二次工业革命——资本替代能源

由于资本主义制度存在着生产社会化与生产资料私人占有这一基本矛盾，进入 19 世纪以后，资本主义所有制关系已经无法满足当时生产力的进一步发展需求，并在一定程度上成为阻碍生产力发展的束缚，即资本主义社会已经走到了"穷途末路"阶段。1825 年，行将完成产业革命的英国，爆发了世界上第一次以生产相对过剩为特征的经济危机，且在随后的近一个世纪中，这种经济危机大约每隔 10 年就周期性地爆发一次。经济危机的频繁爆发，也导致了资产阶级与无产阶级之间矛盾的不断加剧。19 世纪 30～50 年代，先后爆发了法国里昂工人起义、英国宪章运动和德国西里西亚纺织工人起义等反对资产阶级的斗争。特别是 1848 年《共产党宣言》的发表，标志着科学社会主义的诞生，也暗含了资本主义社会制度将在历史长河的冲刷后最终被社会主义所取代。

就在资本主义大厦即将土崩瓦解、新的社会阶层与制度萌芽破土之际，19 世纪 70 年代以后，以电力、内燃机、电动机的发明与广泛利用为标志的第二次工业革命的爆发，对挽救资本主义危局发挥了关键的作用。从此，人类历史文明跨入了"电气时代"。然而，与第一次工业革命中许多重要的发明创造都出自工匠技师之手不同，第二次工业革命的绝大部分成果都是以科学理论方面的重大突破为前提[①]。

第二次工业革命的爆发，促进了资本主义社会生产力的迅速提高。据统计，19世纪最后30年间，世界工业产值增长了2.2倍。特别是在1860～1913年的半个多世纪里，德国工业产值增长了7.1倍，英国增长2.9倍，法国增长3.8倍，美国增长12.5倍，俄国增长12.5倍，意大利增长100倍。同时，重工业行业如钢铁、石油、化工等在这一阶段得到了长足的发展，引导资本主义社会开始由"轻工业时代"走向"重工业时代"。从生产关系方面来说，第二次工业革命的兴起，促进了资本主义生产的社会化程度日益扩大，主要资本国家开始由"自由竞争阶段"向"垄断阶段"过渡。此后，垄断组织很快发展成为影响社会经济增长的重要生产组织形式和力量。例如，1893年成立的莱茵-威斯特伐利亚煤业辛迪加，垄断了德国煤炭开采量的87%。同样，钢铁、石油、铁路、化学、电气等主要工业部门，也都在较短时期内集中到了几十家企业手中。

作为最主要的二次能源，电力的发明与应用成了第二次工业革命的主要标志。同时，随着内燃机的发明与不断改良，新的能源品种——石油，也在资本主义经济发展过程着扮演着日益重要的角色。由此来看，科学技术的进步为人类选择理想能源创造了条件，并推动能源构成不断趋于合理。然而，在垄断资本主义阶段，最主要的生产要素投入并非化石能源，而是冶金、煤炭、化工等行业进行垄断所必需的资本。换句话说，虽然能源为垄断资本主义的发展壮大提供了必备的动力支持，但是资本积聚却是贯穿整个垄断资本主义的首位需求（聂运麟，2002）。特别是在19世纪末到20世纪初，为了在世界范围内不断攫取生产原料并拓展商品市场，各主要资本主义国家的垄断资本纷纷与国家政权紧密结合，并依托国家政权的力量开始对外进行疯狂的侵略扩张，而对殖民地的资本输出成为这一阶段最主要的殖民形式（杨红梅和周建明，2003）。

资本输出使绝大多数经济落后国家被资本主义生产方式所统治或影响，不同程度地成为资本主义"链条"中的某一个环节；正是在这个意义上，各国之间的经济联系得到前所未有的加强，以资本主义生产方式为主体的世界经济体系才得以最终形成。因此，从经济发展过程中生产要素角色转换的角度来看，第二次工业革命的爆发及由此导致的垄断资本主义的形成，是一个资本替代能源，从而引发资本主义社会主导产业由轻工业向重工业、由能源密集型向资本密集型转变的过程（图3-3）。

---

① 1819年，丹麦人奥斯特发现了电流的磁效应、英国人法拉第发现电磁感应现象；1866年，德国人西门子制成自激式直流发电机；1882，法国学者德普勒发明了远距离送电方法、美国发明家爱迪生建立了第一个火力发电站等（王志林和余冰，2010）。

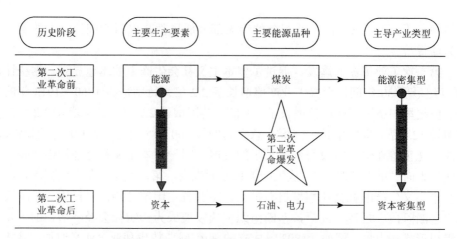

图 3-3　第二次工业革命资本替代能源示意图

随着第二次工业革命在主要欧美国家及日本相继完成，以煤炭、冶金、石油、化工等行业为基础的重化工业产业体系得以最终确立。在此背景下，全球能源与环境问题进一步加剧。1900 年，世界先进国家（包括英国、美国、德国、法国、日本）的煤炭产量总和已经达到了 6.641 亿吨。同时，到第二次工业革命末期，极其严重的环境污染事件在上述国家层出不穷，全球十大环境污染事件相继发生（表 3-1），给当地居民带来了巨大的灾难。其中，最为典型的环境污染是 1952 年爆发的伦敦烟雾事件，即著名的"烟雾杀手"，短短几天内造成当地 4000 多位居民死亡。

表 3-1　世界十大环境污染事件

序号	时间	国家	污染事件	危害
1	1930 年	比利时	马斯河谷烟雾事件	一周内有 60 多人丧生
2	1943～1970 年	美国	洛杉矶光化学烟雾事件	全市 3/4 的人患上眼红、头痛等疾病；有 400 多人因五官中毒、呼吸衰竭而死亡
3	1948 年	美国	多诺拉烟雾事件	6 000 多人出现眼痛、呕吐等不适状况，17 人死亡
4	1952 年	英国	伦敦烟雾事件	5 天内有 4 000 多人死亡
5	1953～1956 年	日本	水俣病事件	1 000 多人死亡
6	1955～1972 年	日本	骨痛病事件	病人骨骼严重畸形，剧痛
7	1968 年	日本	米糠油事件	北九州一带 13 000 人受害
8	1984 年	印度	博帕尔事件	近 2 万人死亡，20 多万人受灾，万人失明
9	1986 年	乌克兰	切尔诺贝利核泄漏事件	31 人死亡，237 人受到严重放射性伤害。20 年内还有近 3 万人因此患上癌症
10	1986 年	瑞士	莱茵河污染事件	60 万条鱼被毒死，莱茵河因此"死亡"20 年

注：由于产业惯性的存在，不少发达国家虽然进入了第三次工业革命，但污染性行业和污染性事件在 20 世纪 80 年代依然存在

三、新科技革命——复杂劳动替代资本

美国与德国是第二次工业革命的最大受益国。1860 年，英国工业生产在资本主义世界中占 36%，而美国仅占 17%。随着第二次工业革命的逐渐深入，到 19 世纪末，作为全球经济霸主的英国，其工业发展水平先后被美国与德国所赶超。到第一次世界大战前夕，美国在世界工业生产中所占份额甚至已超过英国、法国、德国三国所占份额的总和。因此，第二次工业革命的爆发，打破了主要资本主义国家之间的力量对比，以英国、法国为代表的老牌资本主义国家逐渐被以美国、德国为首的新兴国家迎头赶上。上述主要资本主义国家在经济领域的激烈竞争，为随后在全球范围内的政治与军事角逐埋下了隐患。

随着主要资本主义国家的垄断组织不断发展壮大，其必然结果是资本的对外输出。垄断组织对世界市场的抢占引发了帝国主义国家对殖民地的瓜分狂潮。这个阶段英国资本旧有的世界统治开始衰落，而新的世界霸主尚未确立。帝国主义国家在瓜分世界狂潮中的相互排挤与倾轧，引发了两次世界大战的爆发。无论是对战胜国还是战败国而言，两次世界大战都给它们的经济发展与人民生活带来了极其深重的灾难。为了尽快医治战争留下的创伤，在殖民体系土崩瓦解的情况下，西方国家不可能再把争夺殖民地当作它的全球战略目标。因此，必须找到一种新的渠道，采用更加有效的方式来促进经济的迅速腾飞。在此情况下，以美国为首的主要资本主义国家，纷纷把这一期望寄托到了科技领域。

20 世纪四五十年代，原子能、电子计算机和空间技术的发明与广泛应用，标志着第三次工业革命的兴起。由于第三次工业革命主要以科技、信息、智力等为依托，又被称为"新科技革命"或"信息革命"。新科技革命的爆发，对带动全球战后的经济复苏、促进传统产业升级做出了巨大贡献。此后，西方资本主义国家步入了一个经济稳步增长的"黄金时期"。据统计，1950~1972 年，西方国家的工业生产年均增长率高达 6.1%；1953~1973 年的世界工业总产量相当于 1800 年以来的工业总产量之和。同时，科学技术成为推动经济增长的决定性因素。20 世纪初，科学技术对西方国家国民生产总值增长速度的贡献仅占 5%~20%；而新科技革命爆发以来，这种影响提高到 60%~80%（罗文东，2003）。

新科技革命的兴起，还带来了生产方式与价值观念的根本性的变革。从生产方式转变来看，工厂自动化、办公自动化和家庭自动化的"三 A"革命正在加速，人类历史开始由"电气时代"跨入"自动化、智能化时代"。从价值观念转变来讲，随着物质资源在生产中所起的作用大大下降，科学技术、知识、信息等逐渐成为推动经济增长的最重要因素。因此，信息和知识逐渐取代了金钱和权力而成为社会的基本财富和基本资源，知识价值成为社会的主导价值（金吾伦，1997）。

　　20 世纪 80 年代以后，第三次科技革命掀起新的高潮，微电子技术、信息技术、生物工程、宇航技术、激光技术、新能源技术日新月异，以计算机和网络技术为核心的信息产业飞速发展，有人甚至把信息产业界定为"第四产业"。信息制造业和信息服务业等新兴产业迅速崛起，已演变为西方国家的支柱产业，成为带动世界经济增长的"火车头"。由于知识、智力的创造均以人（劳动力）为载体，从生产要素投入角度来看，新科技革命本质上是高层次的劳动力对资本进行替代，从而促进全球经济的快速腾飞与产业结构的优化升级（图 3-4）。随着新科技革命推动经济全球化和垄断资本的全球大扩张，资本主义的发展进入国际垄断资本主义阶段①。

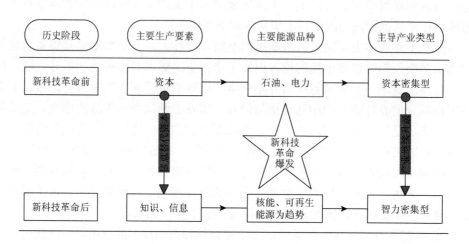

图 3-4　新科技革命复杂劳动替代资本示意图

　　受产业结构优化升级与环境管制双重作用的影响，发达资本主义国家的环境质量得到了显著改善。其中，英国的情况最具代表性。1981 年，英国城市上空烟尘的年平均浓度只有 20 年前的 1/8，以往烟雾腾腾的城镇和秽物满目的浊流，如今也许只能到狄更斯的小说中去领略；因污染严重而绝迹多年的 100 多种小鸟，又重新飞翔在伦敦的天空。1980 年，英国河流总长的 90.8% 的河段已无重大污染；1982 年人们在伦敦附件的河流中捕捉到了 20 尾绝迹 100 多年的大马哈鱼。与此同时，随着发达国家逐步将高耗能、高污染的重化工业转移到发展中国家，发展中国家面临的能源与环境问题日趋严峻。

　　由此可见，生产要素之间相互替代对促进全球经济的快速发展乃至人类文明

---

① 国际垄断资本主义是以强大的国家垄断资本主义为后盾，以跨国公司为主力军，以国际经济和金融组织为主要调节机构，以追求全球超额垄断利润为目标，向全球渗透和扩张的资本主义（吴茜，2006）。

的进步都发挥了重要的作用。第一次工业革命的爆发，是工匠技师们通过对生产实践的总结，创造出先进的劳动工具，进而实现能源替代简单劳动力的过程，最终引领人类社会由农业文明步入了工业文明。第二次工业革命源自大量科学技术的突破，并通过对能源利用方式的改进，推动人类社会由"蒸汽时代"跨入"电气时代"。但在这一阶段，能源并非最主要的投入要素，高度行业垄断所必需的大量资本才是第二次工业革命后的主角。因此，资本替代能源，从而促进资本主义由自由竞争向垄断过渡，是第二次工业革命以后资本主义发展的主要形式。新科技革命的兴起，强化了知识、信息等作为促进经济增长的最核心的投入，其本质是掌握大量知识与高新技术的科学家、工程师等高层次劳动者对资本的替代，实现了经济的腾飞与传统产业的升级（图 3-5），最终引导人类文明由"电气时代"跨入"自动化、智能化时代"。上述历程充分印证了著名的比较优势理论：随着经济发展、资本积累、人均资本拥有量的提高，一个国家和地区的资源禀赋结构得以提升，主导产业由劳动密集型逐步向资本密集型、技术密集型乃至信息密集型方向转变（林毅夫和孙希芳，2003）。

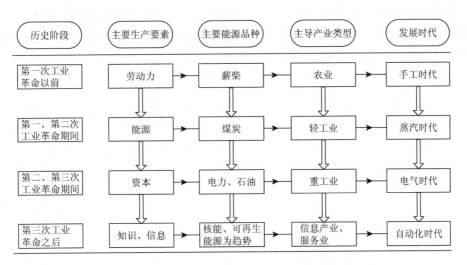

图 3-5　生产要素、能源品种替代促进全球主导产业升级示意图

综上所述，第一次工业革命以来的世界经济发展历程，是一个能源替代简单劳动—资本替代能源—复杂劳动（知识、信息等）替代资本的交替过程。此处需要特别指出的是，在新科技革命中扮演着关键角色的高素质劳动力，与第一次工业革命之前的简单劳动力之间存在着本质的区别，后者代表的是掌握了大量先进知识与密集信息的高科技人才。因此，这一过程并非人类历史进程中的循环往复，而是一个由低级到高级、由简单到复杂的螺旋式上升的过程，充分体现了人类文

明发展的进步。另外，全球主导的能源结构也经历了薪柴—煤炭—石油、电力—核能、可再生能源这一演变过程。由此可见，能源利用方式的改变，也在很大程度上促进了社会生产方式的根本性变革。

■ 第五节　本章小结

本章首先对生产要素替代的概念及其内在动因进行阐述与剖析；并以能源价格上涨为假设情景，对生产要素之间相互替代的产生机理进行挖掘。分析表明，①应充分发挥市场在资源优化配置过程中的基础性作用；②在市场部分失灵的情况下，应采取必要的行政手段，引导生产要素之间进行相互替代；③"诱导性的"技术变化，也是要素之间相互替代产生的重要原因之一。

在此基础上，对第一次工业革命以来生产要素、能源品种相互替代对促进全球经济增长的巨大贡献进行回顾。研究发现，近代以来的世界经济发展历程，是一个能源替代简单劳动（第一次工业革命）—资本替代能源（第二次工业革命）—复杂劳动替代资本（新科技革命）的交替过程。同时，主导能源结构的演变（薪柴—煤炭—电力、石油—核能、可再生能源）及能源利用方式的改进，也在很大程度上促进了社会生产方式的根本性变革。

第四章

要素替代弹性

在厘清生产要素、能源品种之间相互替代对世界经济发展所产生的巨大推动作用之后，生产要素之间替代关系的定量测度方法，成为学者们关注的又一热点问题；而替代弹性（elasticity of substitution）成为研究这一问题最常用的分析工具。关于要素替代弹性的研究大体可划分为如下两个阶段：1970 年以前，研究者们将主要精力放在了替代弹性理论的推广与完善方面。Mundlak（1968）对替代弹性的详细分类及 Hicks（1970）的研究工作，标志着这一理论体系的基本完成。20 世纪70 年代之后，由"石油危机"爆发而引起的西方国家严重的社会经济动荡，驱使学者们逐步将这一领域的研究重心开始由理论向应用方向转移。此后，国家或区域层面能源与非能源要素之间替代关系的研究逐渐成为学者们关注的焦点。本章首先对替代弹性理论的发展脉络进行梳理，辨析不同类型替代弹性的内涵、相互关系及主要应用领域；在此基础上，回顾并归纳目前国内外关于替代弹性理论与实际应用的相关研究，以期为后续章节的实证研究提供理论基础。

■ 第一节　替代弹性分类

一、Hicks 替代弹性

1932 年，Hicks 在分析经济增长过程中劳动力与资本的收入份额变化时首先提出了要素替代弹性的概念，其主要目的是考察资本与劳动力投入比例的改变对要素收入份额所产生的影响（Hicks，1932）。随后，Lerner（1933）将替代弹性明确地定义为在保证总产出不变的情况下，两种投入要素边际替代率变化所引起的投入要素比例变化的程度，即体现了两种投入要素之间相互替代的难易程度。根据上述定义，Hicks 替代弹性（Hicks elasticity of substitution）可用公式表示如下：

$$HES_{ij} = \frac{d\ln(x_i/x_j)}{d\ln(f_{x_j}/f_{x_i})} \qquad (4\text{-}1)$$

式中，x_i 表示生产要素 i 的需求量；f_{x_j}/f_{x_i} 表示生产要素 x_j 与 x_i 之间的边际技术替代率。在进一步假设市场处于完全竞争状态、生产厂家均追逐利润最大化的情况下，边际技术替代率（f_{x_j}/f_{x_i}）等于对应生产要素的相对价格之比（p_j/p_i）（Frondel，2011）。因此，HES_{ij} 可进一步表示为

$$HES_{ij} = \frac{d\ln(x_i/x_j)}{d\ln(p_j/p_i)} \qquad (4\text{-}2)$$

式中，p_i 表示生产要素 i 的市场价格。

当 HES＞0 时，生产要素 x_i 与 x_j 存在 Hicks 替代关系；相反，当 HES＜0 时，生产要素 x_i 与 x_j 之间呈现 Hicks 互补关系。因此，Hicks 替代弹性主要考察两种生产要素之间投入比例随要素相对价格比率的变化而变动的程度。

二、Hicks-Allen 替代弹性

随着能源及其他物质资源在经济系统中所扮演的角色日益凸显，以式（4-2）为基础，Allen 和 Hicks（1934）将替代弹性理论由两要素情形（资本、劳动）逐步推广到了多投入要素生产框架下，详如式（4-3）所示：

$$HAES_{ij} = \frac{\partial\ln\left(\dfrac{x_i}{x_j}\right)}{\partial\ln\left(\dfrac{p_j}{p_i}\right)} = \frac{\partial\ln x_i}{\partial\ln\left(\dfrac{p_j}{p_i}\right)} - \frac{\partial\ln x_j}{\partial\ln\left(\dfrac{p_j}{p_i}\right)} \qquad (4\text{-}3)$$

这一测度方法通常被称为希克斯-阿伦替代弹性（Hicks-Allen elasticity of substitution）。希克斯-阿伦替代弹性主要反映在一个多投入生产框架内，在保证其他投入要素与产出条件不变的情况下，任意两种生产要素相对价格比率的变化所引起的对应投入要素比例的变化程度。该研究方法后来被 McFadden（1963）进一步拓展，但终究因为无法分析所有投入要素对价格变动的最优调整而被研究者们所逐步放弃。

三、Allen 偏替代弹性

随后，Allen（1938）还提出了偏替代弹性（partial elasticities of substitution）

的概念。根据 Allen 的定义，对于生产函数 $y = f(x_1, x_2, \cdots, x_n)$，生产要素 x_i 与 x_j 之间的偏替代弹性可表示为

$$\sigma_{ij} = \frac{x_1 f_1 + \cdots + x_n f_n}{x_i x_j} \cdot \frac{F_{ij}}{F} \tag{4-4}$$

其中，x_i 表示生产要素投入；$f_i = \dfrac{\partial f}{\partial x_i}$；$F = \begin{vmatrix} 0 & f_1 & f_2 & \cdots & f_n \\ f_1 & f_{11} & f_{12} & \cdots & f_{1n} \\ f_2 & f_{12} & f_{22} & \cdots & f_{2n} \\ \vdots & \vdots & \vdots & & \vdots \\ f_n & f_{1n} & f_{2n} & \cdots & f_{nn} \end{vmatrix}$；$f_{ij} = \dfrac{\partial^2 f}{\partial x_i \cdot \partial x_j}$；

F_{ij} 表示行列式 F 中的元素 f_{ij} 的辅助因子（协同因素）（Allen，1938）。

关于 Allen 偏替代弹性的实际意义，可通过分析某一生产要素价格波动对其他生产要素需求所产生的影响来阐述。现假设生产要素 x_j 价格升高，则对应商品的生产成本上升，消费者对该商品的需求也将减少，进而导致该生产要素需求量降低。在此情况下，如果生产要素 x_i 需求量升高，则说明在实际生产过程中，x_i 在一定程度上对 x_j 进行了替代，此时 $\sigma_{ij} > 0$；如果生产要素 x_i 需求量也降低，则说明在实际生产过程中，x_i 与 x_j 一同被其他生产要素所替代，即 x_i 与 x_j 互补，此时，$\sigma_{ij} < 0$ [具体推导过程详见 Allen（1938），503～509 页]。

四、Allen-Uzawa 替代弹性

然而，在实际研究过程中，学者们更习惯于采用成本函数而非生产函数来分析要素之间的替代弹性。Uzawa（1962）运用对偶性理论引入成本函数的概念，将 Allen（1938）所提出的偏替代弹性予以改进。其具体步骤如下。

假设 $\boldsymbol{p} = (p_1, p_2, \cdots, p_n)$ 是生产要素的价格向量，而向量 $\boldsymbol{x} = (x_1, x_2, \cdots, x_n)$ 为使得单位成本实现最小化的投入要素组合，记作 $x_i = x_i(\boldsymbol{p})$；则与生产函数 $y = f(x_1, x_2, \cdots, x_n)$ 所对偶的单位成本函数 $\lambda(\boldsymbol{p})$ 可记为

$$\lambda(\boldsymbol{p}) = \sum_{i=1}^{n} p_i \cdot x_i(\boldsymbol{p}) \tag{4-5}$$

且 $\lambda(\boldsymbol{p})$ 满足一阶齐次性的条件（Uzawa，1962）。

根据 Allen（1938）对偏替代弹性定义的转化形式 $\sigma_{ij} = \dfrac{\lambda \cdot \dfrac{\partial x_i}{\partial p_j}}{x_i \cdot x_j}$，同时，结合另外两个重要的推论（Samuelson，1947），即

$$x_i = \frac{\partial \lambda}{\partial p_i} \tag{4-6}$$

以及

$$\frac{\partial x_i}{\partial p_j} = \frac{\partial^2 \lambda}{\partial p_i \cdot \partial p_j} \tag{4-7}$$

偏替代弹性可进一步转化为如下形式:

$$\sigma_{ij} = \frac{\lambda \cdot \dfrac{\partial^2 \lambda}{\partial p_i \cdot \partial p_j}}{\dfrac{\partial \lambda}{\partial p_i} \cdot \dfrac{\partial \lambda}{\partial p_j}} \tag{4-8}$$

式中, $\lambda = \lambda(p)$ 表示单位成本函数(Uzawa, 1962)。这一替代弹性类型被人们称为 Allen-Uzawa 替代弹性。目前,大部分有关要素替代的相关实证研究,均选用该种替代弹性作为分析工具(Blackorby et al., 2007)。但由于 Allen-Uzawa 替代弹性不仅无法提供两种要素相对比例及等产量曲线的形状,也无法运用边际替代率来解释,其在实际应用中仍然存在着诸多不足(Blackorby and Russell, 1989)。

五、自价格弹性与交叉价格弹性

根据 Mundlak(1968)的分类,Hicks-Allen 替代弹性属于两要素-两价格的替代类型,即任意两种要素价格均发生改变所引起的对应生产要素投入比例的变化。与之对应的两种替代弹性类型包括单要素-单价格的替代,即交叉价格替代弹性或自价格替代弹性,以及两要素-单价格的替代弹性,即 Morishima 替代弹性。

与先前侧重于研究生产要素价格变动对要素投入比例影响程度的替代弹性类型不同,交叉价格替代弹性主要分析某种生产要素价格变动对另一种生产要素需求量的影响,具体可定义为:某一种商品价格增加1%所导致的另一种商品需求数量变动的百分比。其可用公式表达如下:

$$\eta_{x_i p_j} = \frac{\partial \ln x_i}{\partial \ln p_j} \tag{4-9}$$

当 $\eta_{x_i p_j} > 0$ 时,说明生产要素 x_j 价格的上涨,将导致 x_i 需求量的增加,此时生产要素 x_i 与 x_j 之间表现为相互替代关系;相反,当 $\eta_{x_i p_j} < 0$ 时,生产要素 x_j 价格的上涨,将导致 x_i 需求量的降低,生产要素 x_i 与 x_j 之间呈现互补关系。

以米饭与馒头为例,其交叉价格弹性为正,因为这两种商品互为替代品:两者在市场上竞争,因而米饭价格的上升使馒头相对于米饭来讲变得便宜了,这会导致对馒头的需求量的上升。但并不是所有情况都是这样,有一些商品是互补品。

因此，当一种商品价格上涨时，会降低另一种商品的消费量。汽车和汽油便是其中一例：如果汽车价格上涨，在其他条件不变的情况下，汽车需求量便会下降；由于开车的人变少，汽油的需求量也同样将会下降。于是，与汽车有关的汽油的交叉价格弹性是负的。

一般来讲，相对于研究生产要素价格波动对要素投入比例的影响，政策制定者更关心这一外生的价格波动对其他生产要素需求量的冲击。一个比较典型的例子是，国际石油价格的不断攀升，将对不同国家（或地区）的资本、劳动力或其他能源品种的需求量产生显著影响。特别是在 1973 年经济危机爆发以后，关于这一领域的研究层出不穷。因此，交叉价格替代弹性在实际问题研究中经常扮演着一个重要的角色（Frondel，2011）。

根据交叉价格替代弹性的定义，其与 Allen-Uzawa 替代弹性之间还存在着紧密的联系，即交叉价格替代弹性（η_{ij}）等于 Allen-Uzawa 替代弹性（σ_{ij}）乘以价格变动生产要素的成本份额（S_j）。具体证明过程如下。

由于

$$\sigma_{ij} = \frac{\lambda \cdot \frac{\partial x_i}{\partial p_j}}{x_i \cdot x_j} = \frac{\frac{\partial x_i}{x_i}}{\frac{\partial p_j}{p_j}} \cdot \frac{\lambda}{x_j \cdot p_j} = \frac{\partial \ln x_i}{\partial \ln p_j} \cdot \frac{\lambda}{x_j \cdot p_j} = \eta_{ij} \cdot \frac{\lambda}{x_j \cdot p_j} \tag{4-10}$$

且

$$S_j = \frac{x_j \cdot p_j}{\lambda} \tag{4-11}$$

所以，

$$\eta_{ij} = \sigma_{ij} \cdot S_j \quad (i \neq j) \tag{4-12}$$

与需求的交叉价格弹性类似，要素自价格弹性（也称需求的价格弹性，或需求弹性）也属于单要素-单价格的替代类型，其主要分析一种生产要素价格的变动将对自身需求量的影响程度。具体定义为：商品价格上升1%所导致的需求量变动的百分比。可用公式表达如下：

$$\eta_{x_i p_i} = \frac{\partial \ln x_i}{\partial \ln p_i} \tag{4-13}$$

因此，在市场充分竞争的情况下，生产要素的自价格弹性一般为负，即生产要素价格的升高将导致该要素需求的降低（或生产要素价格的降低将导致其需求量的增加）。如果某种生产要素的自价格弹性为正，则说明该要素可能存在价格扭曲的现象。同理可证，$\eta_{ii} = \sigma_{ii} \cdot S_i$。

当某种商品的需求价格弹性大小（绝对值）大于 1 时，就说这种商品的需求是富有价格弹性的，因为此时需求量的下跌百分比要大于价格的上涨百分比。如果价格弹性的大小低于1，就说该商品的需求是缺乏价格弹性的。一般来说，一种商品需求的价格弹性取决于该商品找到替代品的难易程度。如果某商品具有一种或多种近似替代品，则价格上涨就会使消费者减少该商品的需求，转而购买更多的替代商品。此时，需求的价格弹性较高。相反，如果某商品没有近似的替代品，其往往是缺乏价格弹性的。

六、Morishima 替代弹性

作为两要素-两价格替代弹性与单要素-单价格替代弹性的过渡类型，两要素-单价格的 Morishima 替代弹性在近年来的研究中也得以广泛地应用。Morishima 替代弹性最早由日本经济学家 Morishima 于 1967 年提出，但当时并未引起学者们的重视。直至 Blackorby 和 Russell（1975）也独立地提出了此概念，这一理论内涵才逐渐为研究者们所共知。Morishima 替代弹性的主要理论贡献在于，它将Hicks-Allen 替代弹性或 Allen-Uzawa 替代弹性中两个要素价格比率的变动看作是其中一个要素价格在变化，而另一种要素价格保持不变。其具体形式如式（4-14）所示：

$$\text{MES}_{x_i p_j} = \frac{\partial \ln(x_i / x_j)}{\partial \ln p_j} = \frac{\partial \ln x_i}{\partial \ln p_j} - \frac{\partial \ln x_j}{\partial \ln p_j} = \eta_{x_i p_j} - \eta_{x_j p_j} \qquad (4\text{-}14)$$

由此可见，Morishima 替代弹性等于两种生产要素的交叉价格弹性减去价格变动生产要素的自价格弹性。通过这一改进，研究者们可以分析一种生产要素价格波动对两种投入要素比率的影响程度。与 Allen-Uzawa 替代弹性不同，Morishima 替代弹性是结果不对称的替代弹性类型。而且，相对于 Allen-Uzawa 替代弹性而言，Morishima 替代弹性更容易得出生产要素之间相互替代的结论。其原因在于，对于 Allen-Uzawa 替代弹性来讲，其所分析的两种生产要素是替代还是互补关系，直接取决于该生产要素之间的交叉价格弹性。如果交叉价格弹性为正，则两种要素相互替代；如果为负，则两种要素存在互补关系。而对于 Morishima 替代弹性而言，即使两种生产要素的交叉价格弹性为负，如果对应生产要素的自价格弹性（绝大多数情况下为负）足够大，同样可以导致最终结果为正，即两种生产要素之间存在 Morishima 替代关系（Frondel，2011）。

七、总替代弹性

近年来，部分研究者将替代弹性理论进一步拓展。从传统意义上来讲，替代

弹性研究在保持产出不变的情况下，生产要素价格的波动对要素需求量（或要素间的投入比例）的影响程度，这种替代类型被统称为净替代（net substitution）。然而，如果在这一过程中考虑了产量随生产要素价格或投入数量的变化而作动态调整，这种替代类型则被称为总替代（gross substitution）。Blackorby 等（2007）采用对偶理论引入利润函数，分别总结并拓展了 Allen-Uzawa 替代弹性和 Morishima 替代弹性在产量随生产要素价格变化而作动态调整情形下的总替代弹性。具体步骤如下。

假设向量 $\boldsymbol{x} = (x_1, x_2, \cdots, x_n)$ 是一个生产函数 $y = f(\boldsymbol{x})$ 的 n 种投入，则与之对偶的成本函数可记为

$$c(y, \boldsymbol{w}) = \min_{\boldsymbol{x}} \{\boldsymbol{w} \cdot \boldsymbol{x} : f(\boldsymbol{x}) \geqslant y\} \qquad (4\text{-}15)$$

式中，向量 $\boldsymbol{w}$ 表示生产要素的价格。

进一步，与该成本函数对偶的利润函数可表示为

$$\pi(p, \boldsymbol{w}) = \max_{y, \boldsymbol{x}} \{p \cdot y - \boldsymbol{w} \cdot \boldsymbol{x} : f(\boldsymbol{x}) \geqslant y\} \qquad (4\text{-}16)$$

式中，p 表示该生产过程最终产品的市场价格（Blackorby et al.，2007）。

由此，Allen-Uzawa 替代弹性的总替代弹性可表示为

$$\sigma_{ij}^{\mathrm{HL}}(p, \boldsymbol{w}) = -\frac{\pi_{ij}(p, \boldsymbol{w}) \cdot \pi(p, \boldsymbol{w})}{\pi_i(p, \boldsymbol{w}) \cdot \pi_j(p, \boldsymbol{w})} \qquad (4\text{-}17)$$

同理，Morishima 替代弹性的总替代弹性可表示为

$$\sigma_{ij}^{\mathrm{MG}}(p, \boldsymbol{w}) = w_i \left(\frac{\pi_{ij}(p, \boldsymbol{w})}{\pi_j(p, \boldsymbol{w})} - \frac{\pi_{ii}(p, \boldsymbol{w})}{\pi_i(p, \boldsymbol{w})} \right) \qquad (4\text{-}18)$$

八、互补弹性

此外，生产要素投入量（或投入比例）的变动对要素相对价格的影响也逐步成为研究者们关注的焦点问题之一。该种类型的替代弹性一般被称为原始弹性[①]（primal elasticities）。Hicks（1970）所提出的希克斯互补弹性最早涉及这一研究领域，其分析在保持其他投入和最终产品价格恒定的情况下，两种生产要素投入比例的变动对要素价格比率的影响。根据 Sato 和 Koizumi（1973）的推导，该互补弹性的具体表达形式为

---

① 与原始弹性对应的一个概念为对偶弹性，两者之间的区别在于：所研究的弹性是源于原始的生产问题（互补弹性）还是源于其对偶问题（替代弹性）（Stern，2011）。

$$\text{HEC}_{ij} = \frac{Y(x)Y_{ij}(x)}{Y_i(x)Y_j(x)} = \frac{qY}{p_j x_j} \frac{\partial \ln P_i(q,x)}{\partial \ln x_j} \tag{4-19}$$

式中，$Y(x)$ 表示生产函数；P_i 表示生产要素 x_i 的影子价格。

如果将式（4-19）中的 qY 替换为收益函数，该替代弹性可被推广到多产出的情形（Stern，2011）：

$$\text{HEC}_{ij} = \frac{R(x,q)}{p_j x_j} \frac{\partial \ln P_i(x,q)}{\partial \ln x_j} = -\frac{RR_{ij}}{R_i R_j} \tag{4-20}$$

随后，Blackorby 和 Russell（1981）基于投入方向距离函数提出了 Morishima 互补弹性，如式（4-21）所示：

$$\text{MEC}_{ij} = \frac{\partial \ln(D_i(y,x) / D_j(y,x))}{\partial \ln(x_j / x_i)} = \frac{\partial \ln P_i(y,x)}{\partial \ln x_j} - \frac{\partial \ln P_j(y,x)}{\partial \ln x_j} \tag{4-21}$$

由此可见，Morishima 互补弹性主要反映在其他投入和产出数量均固定的情况下，两种生产要素的影子价格比率随其中一种要素投入量的变动而变化的情况（Stern，2011）。

总之，自 Hicks 引入替代弹性概念以来，这一重要的分析工具得到了长足的发展与推广，其研究领域也实现了由两要素向多要素、由简单到综合、由特殊到一般情形的跨越。但是，在现有的诸多替代弹性类型中，并没有某一种替代优越于其他的类型，而是各种不同的定义都有其自身特定的适用范围。因此，对不同替代弹性类型之间在理论解释、适用范围等方面的区别的深刻理解是应用替代弹性理论解决能源经济问题的核心环节和必要前提（Frondel，2011）。

■ 第二节　要素替代弹性研究述评

一、要素替代弹性估算

首先，能源与非能源生产要素之间替代弹性的研究主要集中在制造业领域。Berndt 和 Wood（1975）基于美国 1947～1971 年制造业的时间序列数据，采用超越对数生产函数形式（假设常规模报酬与中性技术进步），估算了能源与资本、劳动力、其他材料之间的替代可能性。结果显示：能源与劳动力之间呈现轻微的替代关系，但与资本之间呈现明显的互补。Griffin 和 Gregory（1976）针对上述研究结论的普适性提出质疑，认为投入要素之间的短期行为（某国家的时间序列数据）与长期趋势（国家之间的面板数据）之间存在一定的差异。他们基于九个工业化国家 1955～1969 年的制造业面板数据，对生产要素之间的替代弹性进行重新估算。

结果发现：能源与资本、劳动力之间均存在替代关系。沿着这一思路，Özatalay 等（1979）基于七个发达国家 1963~1974 年制造业的面板数据，研究发现：资本与劳动力之间平均替代弹性为 1.08，这一结果与 Berndt 和 Wood（1975）的研究结论较为接近，而明显大于 Griffin 和 Gregory（1976）的计算结果；其次，与 Griffin 和 Gregory（1976）的研究结论相似，能源与资本、劳动力之间均呈现明显的替代关系。Field 和 Grebenstein（1980）认为，资本投入成本的不同估计方法也是导致上述结果差异的重要原因之一。为了验证这一判断的合理性，他们基于美国制造业分行业的面板数据，分别计算了能源与可再生资本、营运资本之间的替代（或互补）关系。结果显示，对绝大部分行业而言，可再生资本（服务价格方法计算）与能源之间呈现互补关系，而营运资本（增加值法计算）与能源之间存在显著的替代关系。

此外，为了解决多投入生产框架下待估计方程的多重共线性问题，Fuss（1977）在主要生产要素之间强加了一个弱可分性条件；并基于加拿大五个地区 1961~1971 年的制造业面板数据，估计了能源、资本、劳动力和其他材料及各能源品种之间的替代关系。结果表明：各能源品种之间存在显著的替代关系，而能源与其他投入要素之间的替代关系并不明显。Prywes（1986）基于嵌入式常替代弹性生产函数，分别从工程学和经济学视角计算了 1971~1976 年美国制造业分行业的生产要素替代关系。结果显示，从工程学角度来看，资本与能源之间存在轻微替代的关系；从经济学角度来看，资本与能源在大多数行业中表现为互补关系，而劳动力、能源、其他投入材料之间均呈现相互替代关系。Hisnanick 和 Kyer（1995）认为，导致先前研究中关于资本与能源之间替代关系的结论存在差异的原因主要包括两个方面：①先前研究所采用的能源数据过于笼统；②判断资本与能源关系的唯一标准是替代弹性的符号而并没有考察一个置信区间。为了弥补上述两个缺陷，他们将能源投入数据分为用于发电的能源和非用于发电的能源两部分，并考察在 95%的显著性水平下要素替代弹性的置信区间。结果显示，用于发电的能源和非用于发电的能源与资本都存在替代关系，而与劳动力都存在互补关系。

随后，要素替代弹性的实证研究对象开始由北美向欧洲扩展。Caloghirou 等（1997）分析发现，从短期来看，希腊制造业中资本、劳动力、非发电能源与电力之间均存在显著的替代关系；而从长期来看，资本与电力之间，劳动力与非发电能源之间都存在互补关系。Kemfert（1998）运用嵌入式常替代弹性生产函数计算了 1960~1993 年德国工业的要素替代弹性，发现从长期来看，资本、劳动力、能源之间均存在相互替代的关系。Medina 和 Vega-Cervera（2001）分别计算了意大利、葡萄牙、西班牙三个国家 1980~1996 年能源与非能源生产要素之间的替代弹性。结果显示，在 95%的显著性水平下，只有意大利的能源与劳动力投入之间存在明确的替代关系；而资本与能源之间的关系在这三个国家都并不明确（置信区间左右两端正负号不一致）。Arnberg 和 Bjorner（2007）基于企业层面的面板数据，估算丹麦工业行业主要生产要素之间的替代弹性。结果表明：电力与非用于发电的能源之间替代弹性较小，且两者与机器资本之间均存在互补关系；此外，各种生产要素自价格弹性均处于–0.5～0 这一范围之内。

国内学者对能源与非能源生产要素之间替代弹性的研究起步较晚。郑照宁和刘德顺（2004）在考虑非中性技术进步的前提下，运用超越对数生产函数估算了中国 1978～2000 年主要生产要素之间的 Hicks 替代弹性。结果显示：资本、劳动力、能源三种要素之间均存在相互替代关系，其中，资本与能源之间的替代弹性高达 2.5 以上，而劳动力与能源之间的替代弹性仅为 0.5 左右。刘凤朝等（2007）在分析中国能源消费的影响因素的过程中，发现 1988～1990 年能源与劳动力之间存在替代，而与资本之间存在互补的关系。黄磊和周勇（2008）研究了中国 1978～2004 年煤炭、石油、天然气和电力之间的 Hicks 替代弹性，发现上述四种能源之间的替代弹性逐年变化不大，且结果非常接近，均处于 0.985～1.015 这一范围内。鲁成军和周端明（2008）基于超越对数成本函数，估算了中国工业部门能源与资本、劳动之间的价格弹性和 Morishima 替代弹性。结果显示，劳动与能源之间存在明显的替代关系，且技术进步和产出效应在过去近 30 年中促进了这一替代弹性的提升；资本与能源之间的替代关系呈现不确定性（替代与互补交替出现），因此，借助资本投入来缓解中国能源短缺的空间并不大。杨福霞等（2011）运用超越对数生产函数，估算了中国 1978～2008 年能源与资本、劳动力之间的 Hicks 替代弹性，并考察生产要素之间的技术进步差异。结果显示：能源与资本、劳动力之间均存在 Hicks 替代关系，其中，能源与资本的替代弹性为 0.49，而与劳动力的替代弹性为 1.03；此外，相对于资本与劳动力而言，技术进步在促进能源节约方面的作用更加明显。Smyth 等（2011）计算了中国钢铁行业能源与其他生产要素之间的替代关系，结果发现：能源与资本、劳动力之间均存在替代关系，且资本与能源之间的替代弹性（大约为 1）大于能源与劳动力之间的替代弹性（0.7 左右）。

二、替代弹性在政策分析中的应用

近年来，越来越多的研究者开始将要素替代弹性应用于能源与环境政策分析领域。Fuss（1977）测算了能源价格上升对加拿大制造业生产成本的影响。结果显示，由于能源在所有投入要素中所占的成本份额较低，以及各能源品种之间的替代弹性较大，能源价格上涨对平均生产成本影响不甚显著。比如，1%的能源价格上涨，将导致平均生产成本上升 0.03%左右；而即使能源价格翻番，也仅会导致平均生产成本升高 2%～4%。Kemfert 和 Welsch（2000）在估算德国工业能源与非能源生产要素替代弹性的基础上，运用动态的多部门可计算一般均衡（computable general equilibrium，CGE）模型，分析碳税政策的实施对全国经济的影响。结果表明，如果将碳税收入用于减少劳动力成本，能源与非能源之间的替代关系将对经济增长和就业产生一定的积极效果；而如果将碳税收入直接分配给私人家庭，经济增长与替代弹性之间的敏感性则显得微不足道。Christopoulos 和 Tsionas（2002）通过测度要素影子价格与实际价格之间的偏差，衡量希腊制造业要素配置的无效性和要素价格扭曲程度，进而计算无效配置对要素替代弹性的影响。结果表明，在考虑企业对要素配置无效性的情况下，能源与资本之间存在替代关系，但其替代弹性较先前默认为企业遵循成本最小化假设的研究结果明显偏大。

此外，Cho 等（2004）通过对比韩国 1989 年前后生产要素、能源品种之间的替代弹性差异，研究陡然增加的能源消费与工资水平对替代弹性的影响。结果表明：1989 年以后，劳动力与能源之间强烈的互补关系消失，石油自价格弹性开始变大，煤炭和电力的自价格弹性逐渐降低；由此说明，能源消费与工资水平的快速上升对要素替代弹性具有重要的影响。Floros 和 Vlachou（2005）通过估算希腊制造业不同能源品种之间的总价格弹性，来评估碳税政策的二氧化碳减排效果。结果显示，在不考虑能源结构变动的情况下，50 美元/吨碳税的征收，将促进希腊制造业在 2010 年实现二氧化碳减排 17.6%；若考虑能源结构的调整，同样的碳税政策将导致其二氧化碳排放量降低 30.6%。Welsch 和 Ochsen（2005）分析要素替代、非中性技术进步及国际贸易对德国能源强度变化的影响；结果发现，能源对资本、劳动力均存在 Morishima 替代关系，而资本、劳动力对能源存在 Morishima 互补关系[①]；这一时期德国能源强度变动的 66%是通过上述要素之间的相互替代（或互补）实现的。Sancho（2010）基于可计算一般均衡模型分析了能源税征收对西班牙加泰罗尼亚地区能源效率提升与二氧化碳减排的意义。结果表明，资本与劳动力之间的替代弹性是决定该地区能源税政策能否实现"双红利"（double dividend）效果的关键参数，而能源品种之间的替代弹性对二氧化碳减排效果的影响最为显著。

在中国，能源与其他生产要素之间相互替代所产生的节能效果尚未被能源经济学者们所认知，且常被与技术进步混为一谈（郭纹廷，2005）。因此，替代弹性理论在能源与环境政策分析中的应用研究相对于国外严重滞后。Fan 等（2007a）通过分别对比 1992 年前后中国能源与资本、劳动力之间的自价格弹性及 Morishima 替代弹性，分析经济市场化改革对中国能源效率的影响。结果显示，1979～1992

---

① Morishima 替代弹性具有非对称性。

年，中国能源自价格弹性为 0.285，且能源与资本、劳动力之间均存在 Morishima 互补关系；而 1993～2003 年，中国能源自价格弹性均值迅速下降至-1.236，且资本与能源、能源与劳动力之间转变为 Morishima 替代关系。由此得出，中国经济市场化改革对能源资源的优化配置做出了重要贡献。Hang 和 Tu（2007）的研究表明：能源价格变动对能源强度的影响具有不对称性特征；1985～2004 年，中国煤炭、石油和综合能源的自价格弹性均为负，说明不同能源品种价格升高将导致其能源强度降低；而 1995 年以后，电力的自价格弹性为正，说明电力强度受收入水平、人口规模等其他因素的影响更加明显。

2008 年以来，越来越多的国外先进理论与方法被应用于中国能源经济问题的实证研究当中。Ma 等（2008，2009）通过将 Welsch 和 Ochsen（2005）的理论模型进行适当拓展，分解分析了促进中国能源强度变化的驱动因素。结果显示：能源密集型产品的生产或出口、巨额资本投资、落后技术与设备的进口等都是导致中国 1995～2004 年能源强度上升的主要原因。樊茂清等（2009）沿着这一研究思路，分析了中国制造业 20 个部门的技术变化、要素替代及贸易与能源强度之间的关系。结果表明：对于绝大部分行业而言，预算效应、要素替代及部门结构变化都是其能源强度变动的重要原因。陶小马等（2009）借鉴 Christopoulos 和 Tsionas（2002）所采用的分析框架，对中国工业部门要素价格扭曲程度进行测度。结果显示：1980～2004 年，中国能源自价格弹性为正；由于国家对能源价格的长期管制阻碍了市场调节功能的发挥，中国能源相对价格存在严重扭曲的现象。

第五章

中国省际层面要素替代弹性研究

自 1978 年以来，中国社会经济发展步伐明显加快，对生产要素的稳定供给提出了迫切需求。在此背景下，生产要素之间的优化组合及资源的合理配置显得尤为重要。然而，在改革开放之初的相当一段时期内，中国所推行的计划经济体制无法充分发挥市场在资源配置方面的巨大功能，在一定程度上导致了生产要素的价格扭曲，最终严重阻碍了社会经济发展效率的提升。因此，弄清中国生产要素、能源品种之间的相互替代关系，并运用上述结果对资源进行优化合理配置，对中国经济发展效率的提升乃至能源与环境政策的合理制定均具有非常重要的指导意义。

目前，关于中国生产要素、能源品种之间替代弹性的估算主要集中在国家层面。但由于不同区域在经济发展水平、产业结构、资源禀赋、能源结构等方面存在着显著的差异，以全国作为研究对象无法准确反映不同区域之间的差异及各自的个性特征。为了对不同区域生产要素、能源品种之间的替代弹性有一个更加全面的了解，本章的结构安排如下：首先，从产业结构、能源结构、经济发展水平、地理位置等方面对中国内地①进行区域划分；其次，介绍替代弹性估算的理论模型，并详细说明所需基础数据的来源；在此基础上，分别对中国能源品种/生产要素之间的替代弹性进行分区域估算，并结合当地的产业结构与资源禀赋特点，从时间与空间两个维度对弹性结果进行解释；最后，对本章内容进行简要的总结。

第一节　区域划分

关于中国的区域划分，现有研究所采取的标准不尽相同。其中，最为常用的

---

① 由于受数据可获得性的影响，西藏自治区不在本书的研究范围之内。

分区方案是国家信息中心编制的《中国区域间投入产出表》，该表将全国分为八个区域，具体如下。

（1）东北地区：黑龙江、吉林、辽宁。

（2）京津地区：北京、天津。

（3）北部沿海：河北、山东。

（4）东部沿海：江苏、上海、浙江。

（5）南部沿海：福建、广东、海南。

（6）中部地区：山西、河南、安徽、江西、湖北、湖南。

（7）西南地区：四川、重庆、广西、云南、贵州、西藏。

（8）西北地区：陕西、甘肃、青海、宁夏、新疆、内蒙古。

Liang 等（2007）、李娜等（2010）等在研究中国区域的能源与环境问题的过程中，均采用了这一分区方案。

另外，国涓（2010）按照 GDP 平均增长率和平均能源强度两个标准，将全国划分为四大区域，具体如下。

（1）高增长高能耗区域：河北、山西、内蒙古、陕西、青海、宁夏、新疆。

（2）低增长高能耗区域：黑龙江、吉林、辽宁、湖北、重庆、贵州、云南、甘肃。

（3）低增长低能耗区域：安徽、福建、河南、湖南、广西、海南、四川。

（4）高增长低能耗区域：北京、天津、上海、江苏、浙江、江西、山东、广东。

此外，Ma 等（2008，2009）根据中国能源资源禀赋与能源强度状况，将全国分为七大区域，具体如下。

区域1：河北、山西、安徽、山东、河南。

区域2：北京、天津、上海。

区域3：黑龙江、吉林、辽宁。

区域4：江苏、浙江、江西、湖北。

区域5：福建、湖南、广东、广西、海南。

区域6：重庆、四川、陕西、甘肃、贵州、云南。

区域7：内蒙古、青海、宁夏、新疆。

一、划分依据

通过对现有的分区结果进行深入辨别发现，区域的划分应充分考虑不同经济体在经济发展水平、产业结构、资源禀赋、能源结构等方面的差异。首先，区域间不同的经济发展水平与产业结构状况，对生产要素的需求存在着显著差异。例如，劳动密集型产业比较集中的中部地区，对劳动力的依赖程度明显较高；而资本密集型产业相对发达的直辖市地区，资本投入对经济增长的贡献更加明显。其次，资源禀赋状况也在很大程度上制约着区域能源品种的供给。例如，与其他区域相比，东北地区的石油比重较高，中部地区的煤炭比重最大，而资源贫乏的直辖市与东部沿海地区的电力份额位居全国前列。此外，由于相邻省份在资源、劳动力等方面的流动较为频繁，地理位置也作为分区的重要依据。本书对全国进行区域划分所参考的指标如表 5-1 所示。

表 5-1　中国区域划分的参考指标

区域	行政省份	第三产业占 GDP 的比重/%	人均 GDP/元	煤炭占总能耗的比重/%
直辖市	北京	76.1	81 658	60.0
	天津	46.2	85 213	64.0
	上海	58.0	82 560	44.2
东北地区	黑龙江	36.2	32 819	68.7
	吉林	34.8	38 460	75.4
	辽宁	36.7	50 760	73.1
东部沿海	河北	34.6	33 969	92.3
	山东	38.3	47 335	78.0
	江苏	42.4	62 290	67.5
	浙江	43.9	59 249	62.0
	福建	39.2	47 377	64.8
	广东	45.3	50 807	50.8
	海南	45.5	28 898	30.0
中部地区	山西	35.2	31 357	79.0
	河南	29.7	28 661	87.2
	安徽	32.5	25 659	87.6
	湖北	36.9	34 197	56.7
	湖南	38.3	29 880	66.0
	江西	33.5	26 150	73.7
西南地区	四川	33.4	26 133	65.3
	重庆	36.2	34 500	68.7
	贵州	48.8	16 413	77.4
	云南	41.6	19 265	60.8
	广西	34.1	25 326	56.1
西北地区	陕西	34.8	33 464	72.4
	甘肃	39.1	19 595	69.0

续表

区域	行政省份	第三产业占 GDP 的比重/%	人均 GDP/元	煤炭占总能耗的比重/%
西北地区	青海	32.3	29 522	42.5
	宁夏	41.0	33 043	86.7
	新疆	34.0	30 087	61.7
	内蒙古	34.9	57 974	90.2

注：各省份第三产业占 GDP 的比重和人均 GDP 均为 2011 年数据；而受数据可获得性影响，煤炭消耗占总能耗的比重为 2008 年数据

二、分区结果

根据上述分区标准，将全国划分为六大区域，即直辖市地区、东北地区、东部沿海、中部地区、西南地区、西北地区。

（1）直辖市地区包括北京、天津、上海三直辖市[①]。

（2）东北地区包括黑龙江、吉林、辽宁三省。

（3）东部沿海地区包括河北、山东、江苏、浙江、福建、广东、海南七省。

（4）中部地区包括山西、河南、安徽、江西、湖北、湖南六省。

（5）西南地区包括四川、重庆、贵州、云南、广西五省（直辖市、自治区）。

（6）西北地区包括陕西、甘肃、青海、宁夏、新疆、内蒙古六省（自治区）。

由于相关数据缺失，西藏自治区不在分析范围内。

第二节　理论模型与数据来源

一、替代弹性类型的选取

在将替代弹性理论应用于社会生产实践的最初一段时期内，Allen-Uzawa 替代弹性备受广大研究者们所关注（Berndt and Wood，1975；Griffin and Gregory，1976；Ozatalay et al.，1979；Prywes，1986）。但是，由于 Allen 替代弹性自身存在的一些难以克服的缺陷，如无法提供两种要素相对比例及等量曲线形状，且无法通过边际替代率来解释（Blackorby and Russell，1989），其在随后的研究中逐渐被学者们所摒弃。与之形成鲜明对比的是，Morishima 替代弹性（Morishima elasticity of substitution，MES）则能够更加准确地反映要素相对比例的变化；更为重要的一点，MES 考虑了 Allen 替代弹性所忽视了的要素收入效应，这能够很好地解释工程性

---

① 从经济发展水平、产业结构、地理位置等方面综合考虑，本书将重庆市划归为西南地区。

质导致的替代与单纯经济性质导致的替代之间的差别（鲁成军和周端明，2008）。

然而，本章选择自价格弹性与交叉价格弹性作为具体分析工具。其原因主要包括以下两个方面：首先，从实际应用来看，相比于研究某种生产要素价格的外生变动对两种要素投入比例变化的影响，政策制定者往往更加注重该要素价格变动对其自身乃至与之相关的生产要素需求量的影响程度（Frondel，2011）。特别是在当前全球范围内能源价格飙升、结构性失业问题加剧等背景下，以需求价格弹性作为分析工具更具有现实意义。

其次，从测度方法来看，生产要素的需求价格弹性是 Allen-Uzawa 替代弹性和 Morishima 替代弹性的核心，这一点可分别从式（5-11）及式（5-12）中得以证实。因此，其他类型替代弹性的测算，需要以要素需求的价格弹性为前提。近年来，关于区域或行业要素价格弹性估算及其在政策分析中的应用研究大量涌现（Fuss，1977；Pindyck and Rotemberg，1983；Caloghirou et al.，1997；Floros and Vlachou，2005；Fan et al.，2007a；Arnberg and Bjorner，2007；Hang and Tu，2007；Ma et al.，2009）。

二、理论推导

与现有绝大部分研究替代弹性的文献相似，本章基于超越对数成本函数估算各区域生产要素、能源品种之间的替代弹性。

首先，考虑生产函数：

$$Y=F[K, L, E(C, O, \mathrm{EL})] \tag{5-1}$$

式中，Y 表示产出；K 表示资本投入量；L 表示劳动力投入量；E 表示能源投入量；而 C、O 和 EL 分别表示煤炭、石油与电力的终端消耗量。此处假设能源与其他生产要素投入之间存在弱可分性。

如果生产要素价格与产出水平是外生给定的，那么式（5-1）可进一步用成本函数的形式来表示：

$$C = G[P_K, P_L, P_E(P_C, P_O, P_{\mathrm{EL}}); Y] \tag{5-2}$$

式中，C 表示生产总成本；P_K、P_L、P_E 分别表示资本、劳动力与能源价格；而 P_C，P_O，P_{EL} 分别表示煤炭、石油与电力的价格。为了构建综合的能源价格指数，此处还需假设在资本、劳动力、能源等生产要素之间存在弱可分性（Cho et al.，2004；Floros and Vlachou，2005）。

（一）生产要素之间替代弹性理论推导

运用超越对数成本函数可看作任意成本函数的二阶近似这一性质（Pindyck，

1979），式（5-2）可写成如下形式：

$$\ln C = \alpha_0 + \sum_i \alpha_i \ln P_i + \frac{1}{2} \sum_i \sum_j \alpha_{ij} \ln P_i \ln P_j + \alpha_Y \ln Y + \frac{1}{2} \alpha_{YY} (\ln Y)^2 + \gamma_T T + \frac{1}{2} \gamma_{TT} T^2$$

$$i, j = K, L, E \tag{5-3}$$

式中，α_i 通常表示分布参数，用于度量与投入要素价格无关的成本份额；α_{ij} 表示替代参数，用于测度成本份额随要素价格变动而变化的情况（国涓，2010）；T 表示时间趋势项。

根据 Shephard 引理，成本函数关于某种生产要素价格求导，得到相应投入要素的需求量（Shephard，1953），即

$$X_i = \frac{\partial C}{\partial P_i} \tag{5-4}$$

式中，X_i 表示某生产要素的需求量；P_i 表示该生产要素的价格。

某种生产要素的成本等于该生产要素投入量乘以其对应的价格，因此，该生产要素的成本份额可表示为

$$S_i = \frac{X_i \cdot P_i}{C} \tag{5-5}$$

联立式（5-4）和式（5-5）可得，各生产要素的成本份额等于成本函数的自然对数对该要素价格的自然对数求偏导，即

$$S_i = \frac{\partial C}{\partial P_i} \cdot \frac{P_i}{C} = \frac{\partial C}{C} \cdot \frac{P_i}{\partial P_i} = \frac{\partial C/C}{\partial P_i/P_i} = \frac{\partial \ln C}{\partial \ln P_i} \tag{5-6}$$

结合式（5-3），

$$S_i = \frac{\partial \ln C}{\partial \ln P_i} = \alpha_i + \sum_j \alpha_{ij} \ln P_j \quad (i, j = K, L, E) \tag{5-7}$$

因此，在宏观经济系统中，资本、能源、劳动力的成本份额可分别表示如下：

$$S_K = \alpha_K + \alpha_{KK} \ln P_K + \alpha_{KE} \ln P_E + \alpha_{KL} \ln P_L$$
$$S_E = \alpha_E + \alpha_{EK} \ln P_K + \alpha_{EE} \ln P_E + \alpha_{EL} \ln P_L \tag{5-8}$$
$$S_L = \alpha_L + \alpha_{LK} \ln P_K + \alpha_{LE} \ln P_E + \alpha_{LL} \ln P_L$$

成本函数对各生产要素价格具有线性齐次性，且式（5-8）还应满足加总法则，因此，成本份额方程还满足如下限制条件（Cho et al.，2004；Thompson，2006）：

$$\sum_i \alpha_i = 1, \quad \sum \alpha_{ij} = \sum \alpha_{ji} = 0, \quad \alpha_{ij} = \alpha_{ji} \tag{5-9}$$

根据式（5-8）及其限制条件式（5-9），不同类型的替代弹性如 Allen-Uzawa 替代弹性、要素需求的价格弹性（包括自价格弹性与交叉价格弹性）及 Morishima 替代弹性均可得以计算。其中，生产要素之间的 Allen-Uzawa 替代弹性可表示为

$$\sigma_{ij} = \frac{\alpha_{ij} + S_i S_j}{S_i S_j} \quad (i \neq j)$$

$$\sigma_{ii} = \frac{\alpha_{ii} + S_i(S_i - 1)}{S_i^2} \tag{5-10}$$

要素需求的交叉价格弹性和自价格弹性可分别表示为

$$\eta_{ij} = \sigma_{ij} \cdot S_j = \frac{\alpha_{ij} + S_i S_j}{S_i} \quad (i \neq j)$$

$$\eta_{ii} = \sigma_{ii} \cdot S_i = \frac{\alpha_{ii} + S_i(S_i - 1)}{S_i} \tag{5-11}$$

而生产要素之间的 Morishima 替代弹性则可进一步利用要素需求的价格弹性来表示：

$$\text{MES}_{ij} = \frac{\partial \ln(X_i / X_j)}{\partial \ln P_j} = \frac{\partial \ln X_i}{\partial \ln P_j} - \frac{\partial \ln X_j}{\partial \ln P_j} = \eta_{ij} - \eta_{jj} \tag{5-12}$$

（二）能源品种之间替代弹性理论推导

受数据可获得性的影响，能源品种之间的替代关系经常被研究者们所忽略。事实上，了解各能源品种之间的替代关系，对引导中国能源结构优化、制定中长期的能源战略具有重要的指导意义。此外，能源品种之间的替代弹性（包括方向和大小）还将在很大程度上决定中国能源与环境政策的实施效果。

由于能源价格 P_E 代表单位能源的使用成本，其同样可以用常规模报酬下的超越对数成本函数形式来表示：

$$\ln P_E = \beta_0 + \sum_i \beta_i \ln P_{Ei} + 0.5 \sum_i \sum_j \beta_{ij} \ln P_{Ei} \ln P_{Ej}$$

$$i, j = C, O, EL \tag{5-13}$$

式中，P_{Ei} 表示各种能源品种的价格。同理，各种燃料的成本份额：

$$S_{Ei} = \frac{\partial \ln P_E}{\partial \ln P_{Ei}} = \beta_i + \sum_j \beta_{ij} \ln P_{Ej} \quad (I, j = C, O, EL) \tag{5-14}$$

式中，S_{Ei} 表示各种燃料的成本份额，即每种能源的使用成本占区域能源消耗总成本的比重。由于燃料成本份额函数对各种能源价格具有线性其次性，且满足加总法则，式（5-14）还满足如下限制条件：

$$\sum_i \beta_i = 1, \quad \sum_i \beta_{ij} = \sum_j \beta_{ij} = 0, \quad \beta_{ij} = \beta_{ji} \tag{5-15}$$

根据式（5-11），各能源品种的自价格弹性和交叉价格弹性可得以估算。同时，利用该步骤所得的参数估计结果，可构建对应区域的综合能源价格指数。随后，基于式（5-8）与式（5-9），各区域生产要素之间的替代弹性也可进一步得以估算。

此处需要特别指出的是，根据式（5-14）、式（5-15）所计算出的结果仅为各能源品种之间的偏价格弹性，即假设区域能耗总量不变前提下的能源品种之间的价格弹性（Pindyck，1979）。与之相对应，各能源品种之间总的自价格弹性，即考虑单个能源品种价格波动所引发的生产要素之间及燃料品种之间替代弹性变化的自价格弹性，可表示如下（Cho et al.，2004）：

$$\eta_{ii}^{*} = \frac{\partial \ln E_i}{\partial \ln P_i} = \frac{\partial E_i}{\partial P_i} \frac{P_i}{E_i} = \left[\left. \frac{\partial E_i}{\partial P_i} \right|_{\bar{E}} + \frac{\partial E_i}{\partial E} \frac{\partial E}{\partial P_E} \frac{\partial P_E}{\partial P_i} \right] \frac{P_i}{E_i} \tag{5-16}$$

式中，E 表示区域能耗总量；P_E 表示能源价格指数。

进一步根据各能源品种的成本份额方程，可得出其总的自价格与交叉价格弹性：

$$\eta_{ii}^{*} = \eta_{ii} + \eta_{EE} S_i$$
$$\eta_{ij}^{*} = \eta_{ij} + \eta_{EE} S_j \tag{5-17}$$

式中，η_{EE} 表示区域的能源自价格弹性。

三、数据搜集与处理

本书的研究的时间跨度为 1995～2011 年，采用该时期内 30 个省份的年度时间序列数据。由式（5-8）不难看出，待估计的生产要素成本份额系统方程中所涉及的外生变量包括各种要素的成本份额（S_K，S_E，S_L）及对应要素的价格（P_K，P_E，P_L）。与之相类似，能源品种成本份额方程式（5-14）中所涉及的外生变量主要包括各种燃料的成本份额（S_C，S_O，S_{EL}）及对应的价格（P_C，P_O，P_{EL}）。其中，成本份额（S_i）等于某种要素投入的成本占经济系统总成本的比重，而该生产要素的投入成本又等于其消费量乘以要素的实际价格。

因此，在应用计量经济模型对系统方程进行参数估计之前，需要获得资本存量与资本价格、能源消耗量与能源价格、劳动力投入与平均劳动力价格等数据。同时，为了计算能源品种之间的替代弹性，还需获取每种燃料的终端消耗量及其对应的价格数据。此外，由于估算全国分区域的要素替代弹性，根据本章第一节的分区结果，各区域的数据由其所包括省份的基础数据汇总而得。

（一）资本存量与资本价格

在宏观经济系统中，表征资本投入量最合适的指标为资本存量。目前，大量研究对中国全国及省际层面的资本存量进行了估算。其中，由 Goldsmith 在 1951 年开创的永续盘存法（perpetual inventory method）在资本存量估算过程中得到了最为广泛的应用，其具体计算公式如下：

$$K_{it} = K_{it-1} \cdot (1 - \delta_{it}) + I_{it} \tag{5-18}$$

式中，i 表示省份；t 表示年份；K_{it} 表示当年资本存量；I_{it} 表示当年新增投资；δ_{it} 表示当年的经济折旧率。此外，为了将历年的新增投资 I_{it} 折算为不变价格，还需要获得历年投资品价格指数。

首先，对于历年新增投资 I_{it}，选用固定资本形成总额来表示。各区域1995～2011 年当年价的固定资本形成总额数据来自历年《中国统计年鉴》。为了将这一数据转化为不变价格，此处采用各省份历年的固定资产投资价格指数；该数据同样可从历年的《中国统计年鉴》中直接获取。其次，关于基期资本存量的估算，采用国际上较为通用的做法，即用基期的固定资本形成总额除以 10%作为初始资本存量（张军等，2004）。

关于资本存量折旧率的选取，目前也是众说纷纭。胡永泰（1998）假定中国的经济折旧率为 5%。张军等（2004）、Zhang（2008）设定全国各省份的折旧率均为9.6%。黄勇峰等（2002）在假定设备与建筑的寿命期分别为 16 年和 40 年的前提下，估算出两者的经济折旧率分别为 17%与 8%。陶小马等（2009）对不同阶段的折旧率进行了估算，其 1980 年的结果与黄勇峰等（2002）一致，而 1994 年设备与建筑的折旧率分别为 23%和 11%，2007 年进一步上升至 25%与 13%。通过对上述研究结论进行深入对比，采用张军等（2004）的研究结论，即选取 9.6%作为全国各省份的折旧率。基于上述假定，中国各区域1995～2011 年资本存量可得以估算（图 5-1）。

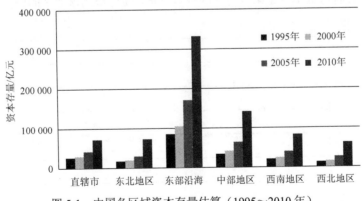

图 5-1　中国各区域资本存量估算（1995～2010 年）

对于资本的真实使用价格，采用 Romer（2001）提出的方法进行估算。该理论方法认为，资本价格除了受利率影响外，还受折旧率、税率等其他多种因素的

共同作用，即

$$P_k(t) = \left[r(t) + \delta(t) - \frac{\dot{p}_k(t)}{p_k(t)} \right](1 - f_\tau) p_k(t) \tag{5-19}$$

式中，$P_k(t)$ 表示第 t 年全国资本的实际使用价格；$p_k(t)$ 表示当年资本的市场价格；$r(t)$ 表示银行的固定资产贷款利率；$\delta(t)$ 表示折旧率；$\dfrac{\dot{p}_k(t)}{p_k(t)}$ 表示资本的市场价格变化率；f_τ 表示边际公司所得税率（鲁成军和周端明，2008）。

由于中国的资本存量是以价值形式而非以实物形式衡量，资本的市场价格为 1，即 $p_k(t)=1$（国涓，2010）。同时，中国当前的公司所得税率对资本的实际价格影响甚微，且有关税收的数据较难以收集，故取 $f_\tau=0$（鲁成军和周端明，2008）。此外，假设生产者和消费者行为遵循理性预期规律，而预期的资本市场价格变化率等于实际通胀率，即 $\dfrac{\dot{p}_k(t)}{p_k(t)} = \pi(t)$，$\pi(t)$ 表示实际的通胀率（国涓，2010）。因此，资本的真实使用价格可进一步表示为

$$P_k(t) = r(t) + \delta(t) - \pi(t) \tag{5-20}$$

式中，$r(t)$ 采用中国 1995 年以来三年期固定资产贷款利率来表示，其基础数据来自中国人民银行官方网站。由于贷款利率的调整时间具有一定的随机性，历年的贷款利率根据各种利率额度所持续的天数加权平均而得，其结果如图 5-2 所示。资本折旧率 $\delta(t)$ 取值同上（9.6%）。实际通胀率 $\pi(t)$ 用全国居民消费价格指数（consumer price index，CPI）来表示，该时间序列数据可从《中国统计年鉴 2012》中直接获取。随后，利用各省份资本存量乘以对应的资本价格，便可得到该地区的资本使用成本。

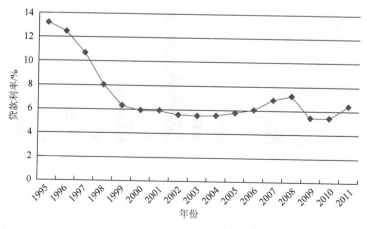

图 5-2　中国三年期固定资产平均贷款利率（1995～2011 年）

（二）劳动力投入与平均劳动价格

劳动力相关数据来源如下：首先，与 Fan 等（2007a）、Ma 等（2009）等的方法类似，劳动力总成本采用劳动者报酬来表示。劳动者报酬指劳动者因从事生产活动所获得的全部报酬，该统计指标覆盖所有从事生产活动的劳动者。其中，各省份 1995 年与 2004 年的劳动者报酬数据来自《中国国内生产总值核算历史资料（1952～2004）》，其余年份的数据来自对应年份的《中国统计年鉴》。其中，由于国家统计部门未能公布 2008 年各省份的劳动者报酬数据，除部分发达地区（如北京、上海、江苏、广东等）可从对应省级统计年鉴中获取外，其他省份则通过对 2007 年与 2009 年数据取算术平均得到。随后，选取居民消费价格指数（以 1995 年基期），对历年的劳动者报酬进行平减，以得到不变价格数据。

平均劳动价格可用劳动者报酬除以劳动力投入量来获得。关于劳动者投入数量，现有研究主要采用两种指标来表示，即从业人员数和在岗职工人数。根据定义，在岗职工是指"在本单位工作并由单位支付工资的人员"，不包括大量城镇非正式职工人数（鲁成军和周端明，2008），从数量上来看，其远低于从业人员数。因此，部分研究者直接采用劳动者报酬除以职工人数来估算平均劳动价格的做法尚值得商榷，这将在一定程度上高估平均劳动价格。也有部分学者用职工工资总额除以职工人数的方法来计算平均劳动价格，这样也存在一个问题，即职工工资总额仅为劳动者报酬中的一部分，无法充分反映宏观经济系统中劳动总成本。为了保证统计口径的一致性，采用劳动者报酬除以从业人员总数，来估算各省份的平均劳动价格（图 5-3）。其中，各省份的历年就业人员数可从对应年份的《中国统计年鉴》中获取，2006 年的该指标数据来自《新中国 60 年统计资料汇编》。

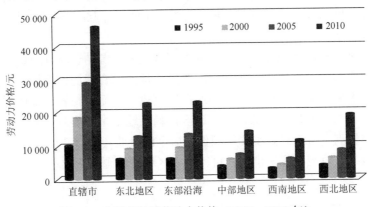

图 5-3　中国各区域劳动力价格（1995～2010 年）

（三）能源消耗量与能源价格

由于既研究能源与其他生产要素之间的替代弹性，又分析能源品种之间的替代关系，能源消耗及其价格数据分两步骤获取。在分析能源品种之间的替代弹性时，所选取的能源品种共包括原煤、焦炭、汽油、柴油和电力五种。为了避免能源消费量的重复计算，本书采用各区域的终端能源消费量，即排除了诸如原煤用于发电等中间投入部分（Ma et al.，2009）。各省份1995~2011年上述五种能源品种终端消费量数据来自对应年份的《中国能源统计年鉴》。

各能源品种的历年价格按如下方法进行估算。首先，原煤、焦炭、汽油、柴油和电力的基期（1995年）价格来自《1995年第三次全国工业普查资料汇编》。其次，为了获得能源品种价格的时间序列，采用工业品出厂价格指数进行折算。其中，原煤、焦炭对应煤炭工业出厂价格指数，汽油、柴油对应石油工业出厂价格指数，而电力采用电力工业出厂价格指数。上述数据均可从《中国统计年鉴2012》中获取（图5-4）。但是，原煤与焦炭、汽油和柴油相同的价格变化趋势，给后面弹性计算过程带来不便。为了解决这一问题，同时考虑到上述两组能源品种性质类似，此处将原煤与焦炭、汽油与柴油分别合并为煤炭、石油两种能源。基于上述数据，煤炭、石油、电力之间的价格弹性便可得以估算。

为了进一步分析能源与其他生产要素之间的替代弹性，还需获取区域能源消费总量及综合能源价格。此处，各省份历年的能源消费总量来自对应年份的《中国能源统计年鉴》。而区域综合能源价格的估算相对复杂，首先，利用第一步的参数估计结果作为工具变量，计算得到各区域的综合能源价格指数。其次，利用各区域1995年每种能源品种[①]的终端消费量乘以对应的价格，得到区域能耗总成本；并将其除以该区域综合能源消费总量，可得到1995年的综合能源成本（单位：元/吨标准煤）。

这一处理方法的优点在于可以区分不同区域间能源结构差异对综合能源价格的影响。结果显示，直辖市、东部沿海等发达地区综合能源价格居全国最高，其主要原因是石油和电力在能源结构中所占比重较大，而价格较低廉的煤炭的比重却相对较低。与之相反，中部、西南地区依赖当地丰富的煤炭资源，能源结构中煤炭的比重较高，进而导致平均能源价格居全国最低（表5-2）。最后，用区域综合能耗总量乘以对应的能源价格，可得到各区域的能源消费成本。

---

① 所选能源品种包括原煤、洗精煤、焦炭、煤气、原油、汽油、煤油、柴油、燃料油、天然气、电力11种。

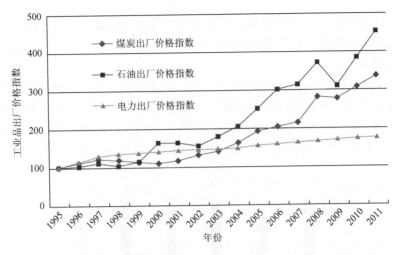

图 5-4　1995 年以来各能源品种出厂价格指数（1995 年为基期）

表 5-2　各区域 1995～2011 年综合能源价格（单位：元/吨标准煤）

区域\年份	直辖市	东北地区	东部沿海	中部地区	西南地区	西北地区
1995	490.46	400.63	488.39	399.01	395.70	446.62
1996	549.71	445.26	545.53	446.68	443.44	498.69
1997	615.36	492.88	611.23	497.98	495.09	556.34
1998	625.82	496.42	623.07	505.84	505.00	565.80
1999	630.69	498.55	632.31	508.09	505.98	570.64
2000	682.10	546.24	692.42	543.49	537.85	616.84
2001	699.29	559.02	706.65	557.60	551.83	631.14
2002	711.76	569.47	712.28	569.44	563.55	640.62
2003	747.99	604.94	747.11	595.87	588.48	671.23
2004	806.60	660.27	799.42	640.90	631.45	720.10
2005	899.37	748.77	884.66	710.29	698.16	797.27
2006	971.01	822.32	953.91	759.32	747.11	856.36
2007	1002.99	850.24	983.05	784.03	770.83	883.02
2008	1131.33	981.67	1091.17	883.94	864.08	986.54
2009	1081.89	914.12	1045.93	856.48	835.26	949.43
2010	1192.03	1031.90	1146.39	933.02	910.00	1037.60
2011	1293.61	1144.27	1237.48	1003.15	979.15	1118.03

　　根据上述步骤，各区域 1995～2011 年生产要素平均成本份额（包括资本、劳动力、能源）及能源品种平均成本份额（包括煤炭、石油、电力）可分别获取（结果详见附录 B）。

　　现以 2011 年为例，分析不同生产要素、能源品种对各区域经济增长贡献的差异。首先，从生产要素成本份额来看，一个共同的特征是劳动力成本所占比重最大，约为 50%；资本的成本份额次之，一般占 30% 左右，而能源成本份额最低，一般介于 10%～20%（图 5-5）。

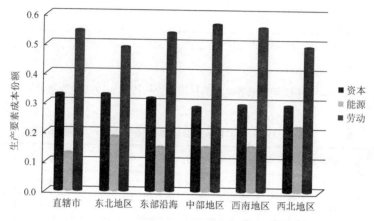

图 5-5　2011 年各区域生产要素成本份额

　　具体分区域来看，直辖市与东部沿海地区的情况比较类似，主要表现为劳动力成本份额均高于 50% 且资本份额均高于 30%，而能源成本份额均处于较低水平。中部地区与西南地区的情况非常相像，其劳动力成本份额最高，而资本的成本份额相对很低，说明劳动密集型产业在这两个区域的经济增长过程中占据重要地位，而资本投资水平却相对落后。与以上区域形成鲜明对比的是，西北地区的资本、劳动力成本份额均居全国较低水平，而能源的成本份额却高达 22%，远高于任何其他地区。这一结果表明，依托当地丰富的能源资源，西北地区的产业结构主要以资源密集型为主，"资源诅咒"效应在一定程度上依然存在。对于东北地区而言，其资本和能源的成本份额处于较高水平，而劳动力的成本份额处于全国最低水平。

　　从区域能源品种的成本份额来看，电力所占比重最大，在绝大部分区域均为 50% 左右；石油份额次之，均超过 30%，在东北地区甚至高达 50%；而煤炭的比重最小，均低于 20%（图 5-6）。由此可见，区域的资源禀赋在很大程度上决定了当地能源消费结构的形成。

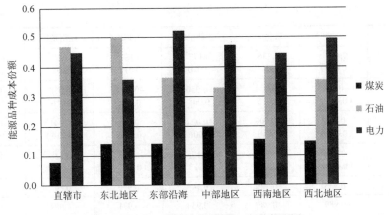

图 5-6　2011 年各区域能源品种成本份额

■ 第三节　替代弹性估算

一、区域能源品种之间替代弹性估算

基于式（5-14）及其约束条件式（5-15），运用似不相关回归法（seemingly unrelated regressions）对其参数结果进行估计，所采用的软件为 Stata 10.0，时间跨度为 1995～2011 年。似不相关回归法也称 Zellner（1962）方法，其主要优点在于：在系统方程残差项服从正态分布，且无自相关及各解释变量与残差项相互独立的前提下，该方法的估计具有无偏性及有效性（樊茂清等，2009）。此外，为了排除其他不相关的外生因素对估算结果可能产生的影响，实际 GDP、第三产业占 GDP 的比重和时间项被作为控制变量予以考虑。各区域能源品种之间替代弹性的参数估计结果如表 5-3 所示。

表 5-3　区域能源品种之间替代弹性参数估计结果

系数	直辖市	东北地区	东部沿海	中部地区	西南地区	西北地区
β_{CO}	0.221[**] (0.008)	0.275[**] (0.027)	0.151[**] (0.003)	0.251[**] (0.003)	0.240[**] (0.008)	0.204[**] (0.005)
β_{OI}	0.179[**] (0.009)	0.217[**] (0.006)	0.201[**] (0.005)	0.146[**] (0.006)	0.126[**] (0.006)	0.170[**] (0.009)
β_{EL}	0.626[**] (0.004)	0.484[**] (0.023)	0.664[**] (0.007)	0.598[**] (0.005)	0.625[**] (0.005)	0.616[**] (0.007)
$\beta_{CO\text{-}CO}$	0.059[**] (0.017)	0.072[**] (0.019)	0.124[**] (0.007)	0.140[**] (0.016)	0.099[**] (0.022)	0.111[**] (0.018)
$\beta_{OI\text{-}OI}$	0.170[**] (0.013)	0.326[**] (0.022)	0.153[**] (0.014)	0.126[**] (0.013)	0.186[**] (0.016)	0.157[**] (0.024)

续表

系数	直辖市	东北地区	东部沿海	中部地区	西南地区	西北地区
$\beta_{EL\text{-}EL}$	0.178** (0.010)	0.236** (0.015)	0.177** (0.010)	0.167** (0.012)	0.169** (0.013)	0.159** (0.014)
$\beta_{CO\text{-}OI}$	−0.026* (0.012)	−0.081** (0.015)	−0.050** (0.008)	−0.049** (0.010)	−0.058** (0.016)	−0.055** (0.018)
$\beta_{CO\text{-}EL}$	−0.034** (0.010)	0.009 (0.018)	−0.074** (0.006)	−0.091** (0.012)	−0.041** (0.014)	−0.057** (0.013)
$\beta_{OI\text{-}EL}$	−0.144** (0.010)	−0.245** (0.012)	−0.103** (0.013)	−0.076** (0.011)	−0.128** (0.012)	−0.102** (0.015)
$R^2\_S_{CO}$	0.933	0.949	0.944	0.956	0.848	0.915
$R^2\_S_{OI}$	0.989	0.980	0.933	0.971	0.994	0.938
$R^2\_S_{EL}$	0.952	0.989	0.857	0.909	0.934	0.849

注：括号中的数字代表标准差；表中 CO 代表煤炭，OI 代表石油，EL 代表电力

*代表 5%的显著性水平；**代表 1%的显著性水平

表 5-3 显示，绝大部分的参数估计结果表现为统计显著的。根据上述参数结果，各区域能源品种的价格弹性可进一步得以估算。由于受空间所限，此处仅展示各区域能源品种价格弹性的均值（表 5-4）。结果表明，不同区域之间能源品种的需求价格弹性存在较大的区别。

表 5-4   各区域能源品种需求价格弹性均值（1995～2011 年）

价格弹性	直辖市	东北地区	东部沿海	中部地区	西南地区	西北地区
$\varepsilon_{CO\text{-}CO}$	−0.337 (0.102)	−0.296 (0.087)	0.240 (0.210)	−0.094 (0.062)	−0.245 (0.074)	−0.100 (0.103)
$\varepsilon_{OI\text{-}OI}$	−0.080 (0.109)	0.473 (0.347)	−0.139 (0.082)	−0.187 (0.101)	0.128 (0.290)	−0.102 (0.103)
$\varepsilon_{EL\text{-}EL}$	−0.110 (0.029)	−0.005 (0.019)	−0.090 (0.034)	−0.137 (0.026)	−0.127 (0.036)	−0.144 (0.030)
$\varepsilon_{CO\text{-}OI}$	0.067 (0.048)	−0.324 (0.141)	−0.204 (0.115)	−0.014 (0.058)	−0.088 (0.088)	−0.099 (0.060)
$\varepsilon_{OI\text{-}CO}$	0.024 (0.016)	−0.155 (0.100)	−0.087 (0.049)	−0.025 (0.053)	−0.095 (0.094)	−0.065 (0.047)
$\varepsilon_{CO\text{-}EL}$	0.269 (0.136)	0.620 (0.105)	−0.072 (0.135)	0.107 (0.080)	0.333 (0.097)	0.198 (0.100)
$\varepsilon_{EL\text{-}CO}$	0.059 (0.043)	0.148 (0.029)	−0.009 (0.023)	0.040 (0.034)	0.107 (0.045)	0.055 (0.035)
$\varepsilon_{OI\text{-}EL}$	0.056 (0.117)	−0.320 (0.255)	0.214 (0.049)	0.212 (0.062)	0.033 (0.205)	0.167 (0.068)
$\varepsilon_{EL\text{-}OI}$	0.051 (0.067)	−0.143 (0.040)	0.098 (0.046)	0.097 (0.052)	0.021 (0.067)	0.088 (0.056)

注：括号中的数值为标准差；替代弹性结果为历年均值

（一）能源品种的自价格弹性

1. 电力

所有区域电力需求的自价格弹性均为负，即随着电价的升高，电力需求不断降低，这一结果符合市场规律与理性预期。从电力自价格弹性的具体数值（绝对值）来看，所有区域均处于 0.005～0.144，说明电力需求对其自身价格变动的反应不甚明显。

从弹性结果的变动趋势来看，2004 年以后，绝大部分区域电力自价格弹性的绝对值都开始增大，即电力需求对自身的价格变动变得更加敏感。导致这一现象的可能原因为：2004 年以来，国家发展和改革委员会对电解铝、铁合金、电石、烧碱、水泥、钢铁等高耗能行业实行了差别电价政策。对属于上述行业中限制类与淘汰类的企业，实行更高的电价。随着该项政策的有效实施与持续深入，外加 2008 年金融危机的双重打击，许多规模小、抗风险能力弱、能耗高、污染重的落后产能纷纷退出了市场竞争，对电力的节约利用乃至整个"十一五"期间节能减排目标的顺利完成做出了积极的贡献。然而，从结果来看，该项政策在东北地区的执行效果并不显著。

2. 石油

对东北地区与西南地区而言，石油的自价格弹性均为正，即随着石油价格的上涨，石油需求量不降反升。其中，除了东北地区的石油自价格弹性较高外（达 0.473），其他地区石油的自价格弹性均较低。

中国石油资源严重短缺与石油刚性需求快速增加之间的矛盾，是石油自价格弹性表现为正的最主要原因。近年来，社会经济的飞速发展及城市化进程的不断加速，导致中国石油需求量显著增加。特别是随着交通运输、物流等行业的蓬勃发展，以及私家车辆的迅速增加，对汽油和柴油的需求愈加迫切。因此，尽管石油价格在近年来持续攀升，但由于长期形成的产业结构与消费模式对石油存在巨大的刚性需求，中国石油需求量不降反升。1993 年，中国首次成为石油净进口国；到 2010 年，中国的石油对外依存度已达到 55%左右。因此，尽快出台相关政策以有效规范交通运输行业的健康发展，特别是抑制私家车辆的迅速增加，是缓解中国石油供应紧张及降低石油使用成本的重要途径。

3. 煤炭

除东部沿海地区以外，煤炭的自价格弹性均为负。从煤炭需求对价格变动的反应程度来看，直辖市地区煤炭的自价格弹性最高（为 0.337）；而中部地区的需求价格弹性最低（仅为 0.009），说明其煤炭需求受价格波动的影响不甚明显。

纵观东部沿海地区煤炭自价格弹性的演变趋势，从 1995 年开始持续上升，到

2001 年达到峰值，随后开始逐年下降。由此可见，1995～2001 年，由于政府对煤炭价格的长期管制，其价格严重扭曲，东部沿海地区煤炭资源的市场配置效率较低，且这一现象在不断加剧。随后，由于政府对煤炭价格管制逐步放松，2003 年以后中国煤炭价格开始迅速上涨。煤炭自价格弹性开始下降，说明市场对煤炭资源的优化配置日益合理。

（二）能源品种之间的交叉价格弹性

1. 煤炭-电力

除东部沿海地区以外，煤炭与电力之间均呈现稳定的相互替代关系。从交叉价格弹性的大小来看，东北地区煤炭和电力之间的交叉价格弹性（$\varepsilon_{CO\text{-}EL}$）最大，高达 0.62；由此可见，电力价格波动对该区域煤炭需求量的影响较为显著。相反，中部地区煤炭和电力之间的交叉价格弹性最小。

煤炭与电力之间呈现相互替代的关系主要由两方面的原因所致。首先，煤炭与电力的主要用途比较一致，两者均较多地用于钢铁、水泥等重化工业行业。因此，当煤炭（或电力）由价格上涨而导致其自身需求量下降时，电力（或煤炭）的需求量必将随之上升，以弥补另一种能源投入量的减少所引发的能源短缺。其次，另一个非常重要的原因是，当前中国的煤炭价格与电力市场价格形成机制存在较大差异。一般来说，随着电煤价格的上涨，上网电价必将上升以保证发电企业的经营利润。在这种情况下，电力需求量也将降低，从而与煤炭形成互补关系。但事实上，中国当前的电力价格在很大程度上由政府控制，受市场的供需状况影响较小；因此，上网电价难以跟随电煤价格的上涨而同步上升。最终，当煤价上涨而导致煤炭需求量降低时，重点耗能单位将更多地依靠电力供应来维持企业的正常运转。

2. 石油-电力

除东北地区以外，石油与电力之间也存在长期的相互替代关系，即石油（或电力）价格上涨，将在一定程度上对电力（或石油）需求产生拉动作用。从具体影响程度来看，对所有区域而言，这一作用均显得比较微弱。

3. 煤炭-石油

与煤炭-电力、石油-电力之间的相互替代关系不同，煤炭与石油之间存在长期的互补关系（直辖市地区除外）。从具体作用强度来看，石油价格上涨对东北地区煤炭需求量的影响最为显著；同样，煤炭价格走高对该地区石油需求的影响也最为明显。

二、区域生产要素之间替代弹性估算

基于式（5-8）及其约束条件式（5-9），再次运用似乎不相关回归法对其参数结果进行估计，所采用的软件为 Stata10.0，时间跨度为 1995～2011 年。各区域生产要素之间替代弹性的参数估计结果如表 5-5 所示。

表 5-5 区域生产要素之间替代弹性参数估计结果

系数	直辖市	东北地区	东部沿海	中部地区	西南地区	西北地区
α_K	0.390** (0.017)	0.248** (0.008)	0.251** (0.009)	0.238** (0.009)	0.212** (0.008)	0.256** (0.013)
α_E	0.132** (0.004)	0.170** (0.006)	0.116** (0.005)	0.197** (0.008)	0.164** (0.010)	0.255** (0.014)
α_L	0.480** (0.006)	0.644** (0.010)	0.645** (0.010)	0.576** (0.015)	0.617** (0.014)	0.486** (0.016)
α_{KK}	0.212** (0.007)	0.202** (0.007)	0.206** (0.008)	0.149** (0.007)	0.167** (0.008)	0.146** (0.014)
α_{EE}	0.052** (0.011)	0.106** (0.013)	0.043** (0.017)	0.124** (0.042)	0.022 (0.045)	0.129* (0.056)
α_{LL}	0.170** (0.007)	0.197** (0.009)	0.166** (0.011)	0.021 (0.023)	−0.008 (0.025)	0.006 (0.032)
α_{KE}	−0.047** (0.003)	−0.055** (0.006)	−0.041** (0.006)	−0.126** (0.010)	−0.098** (0.012)	−0.134** (0.018)
α_{KL}	−0.165** (0.005)	−0.147** (0.006)	−0.164** (0.011)	−0.023 (0.013)	−0.069** (0.014)	−0.012 (0.019)
α_{EL}	−0.005 (0.009)	−0.051** (0.012)	−0.002 (0.012)	0.002 (0.032)	0.077* (0.037)	0.005 (0.044)
$R^2\_S_K$	0.975	0.971	0.957	0.952	0.976	0.895
$R^2\_S_E$	0.946	0.951	0.947	0.482	0.427	0.517
$R^2\_S_L$	0.988	0.806	0.935	0.176	0.550	0.068

注：括号中的数字代表标准差

*代表 5%的显著性水平；**代表 1%的显著性水平

表 5-5 显示，绝大部分的参数估计值都是统计显著的。基于上述参数估计结果，并结合式（5-11），各区域历年的生产要素价格弹性可得以估算。由于受空间所限，此处仅展示各区域生产要素自价格弹性及相互交叉价格弹性的均值（表 5-6）。

表 5-6 各区域生产要素需求价格弹性均值（1995～2011 年）

价格弹性	直辖市	东北地区	东部沿海	中部地区	西南地区	西北地区
η_{KK}	−0.058 (0.017)	−0.060 (0.058)	−0.065 (0.038)	−0.204 (0.042)	−0.153 (0.049)	−0.221 (0.028)
η_{EE}	−0.396 (0.065)	−0.123 (0.104)	−0.478 (0.081)	0.180 (0.227)	−0.696 (0.010)	−0.068 (0.121)
η_{LL}	−0.160 (0.012)	−0.103 (0.012)	−0.164 0.018	−0.409 (0.036)	−0.477 (0.041)	−0.506 (0.039)

续表

价格弹性	直辖市	东北地区	东部沿海	中部地区	西南地区	西北地区
η_{KE}	0.001 （0.008）	−0.012 （0.028）	−0.002 （0.023）	−0.274 （0.065）	−0.174 （0.051）	−0.225 （0.060）
η_{EK}	0.012 （0.034）	−0.029 （0.053）	−0.009 （0.068）	−0.749 （0.237）	−0.477 （0.133）	−0.443 （0.132）
η_{KL}	0.057 （0.014）	0.071 （0.045）	0.063 （0.038）	0.479 （0.029）	0.328 （0.015）	0.446 （0.035）
η_{LK}	0.063 （0.022）	0.055 （0.034）	0.054 （0.039）	0.281 （0.044）	0.208 （0.042）	0.317 （0.052）
η_{EL}	0.384 （0.089）	0.153 （0.078）	0.487 （0.046）	0.568 （0.039）	1.173 （0.124）	0.511 （0.040）
η_{LE}	0.096 （0.020）	0.048 （0.028）	0.109 （0.030）	0.128 （0.030）	0.269 （0.025）	0.189 （0.038）

注：括号中的数值为标准差；替代弹性结果为历年均值

（一）生产要素的自价格弹性

1. 资本

对所有区域而言，资本的自价格弹性为负，即资本价格的升高，将导致资本需求量的降低。其中，西北地区资本需求的价格弹性最高，达 0.22；直辖市、东北地区和东部沿海地区资本需求对自身价格的反应并不敏感（资本的自价格弹性均在 0.06 左右），说明该地区的资本刚性需求较大。

资本投资在区域经济系统中所扮演的角色差异是导致上述结果形成的主要原因。在研究期限内，直辖市地区资本的平均成本份额高达 46%，对支撑区域经济的发展发挥了最关键的作用。正是基于这一特点，直辖市地区形成了以资本密集型为主的产业结构；在当前竞争激烈的国际背景下，引领着中国经济积极参与全球的分工与合作。东部沿海地区资本的成本份额也达 38%，位居全国第二位。当前，该地区的产业结构正处于由劳动密集型向资本密集型转变的过程中。待这一工程浩大的产业升级任务最终完成，中国的经济发展引擎将呈现由点到面的拓展趋势。与之相反，中部地区的资本投入对区域经济增长的促进作用不甚明显，平均的资本成本份额仅为 32%，为全国最低。由于经济发展对资本的依赖作用不够强烈，资本需求对自身价格变动的反应比较明显。

2. 能源

能源自价格弹性在不同区域之间存在着较大差异。除中部地区以外，能源自价格弹性均为负，即能源价格上涨将引发当地能源需求的降低。从能源价格对需求量的影响程度来看，西南地区能源价格每上涨 1%，将导致该地区能源需求量降低 0.7%，作用最为明显；东部沿海地区次之，1%的能源价格上涨将引发近 0.5% 的需求量降低。至于中部地区能源自价格弹性为正的可能原因为：依托当地丰富的煤炭资源（如山西、河南、安徽等），该地区的产业结构升级比较缓慢，依然停留在资源密集型阶段，因而对能源的刚性需求仍然较大。随着中部崛起等一系列国家战略的实施，上述情况将得以逐步改善。

3. 劳动力

对所有区域而言，劳动力的自价格弹性均为负，说明劳动力价格上涨将减少其需求量。其中，西北地区和西南地区劳动力的需求价格弹性最大，均为 0.5 左右；中部地区次之，达 0.41；而其余三个地区劳动力的需求价格弹性处于较低水平，均在 0.2 以下。

（二）生产要素之间的交叉价格弹性

1. 资本-能源

与以往绝大部分研究结论相异，本章结果表明，对直辖市以外的所有区域而言，资本与能源之间均呈现微弱的互补关系，即能源（或资本）价格的上涨拉动资本（或能源）需求的降低。从具体影响程度来看，资本价格波动对能源需求的影响比能源价格波动对资本需求的影响更加显著。中部地区、西南地区及西北地区要素需求受价格波动的影响程度较为明显，而直辖市、东北地区及东部沿海地区的影响程度相对较弱。

在市场能够对资源进行有效配置的情况下，随着能源价格的上涨，生产经营者为了降低能源消费成本，纷纷扩大资本投资规模，积极进行先进节能型技术的引进与研发工作，从而客观上形成了资本对能源的替代。然而，这一貌似合理的现象并未在中国发生。由此说明，在过去一段时期内，中国经济发展过程中资本对能源进行替代的长效机制尚未形成，先进节能型技术的研发工作未能引起相关部门重视，并严重滞后于经济发展及资源节约型社会的建设要求。同时，市场也未能在生产要素价格形成、资源有效配置等方面发挥应有的作用。

随着"十一五"期间中国节能减排工作的积极推进，上述情况得以逐步缓解。据统计，2006～2010 年，中国在节能减排领域所投入的资金高达 2 万亿元左右。如此浩大的节能减排工程，对中国经济发展过程中资本-能源之间相互转换机制的建立与疏通、节能型技术的研发平台建设等工作提供了巨大的推力。随着"十二五"期间节能减排工作的不断深入，未来一段时期内，中国资本-能源之间相互替代、节能型技术广泛应用的良好局面将最终形成。

2. 劳动力-能源

对所有区域而言，能源与劳动力之间存在相互替代的关系，即能源（或劳动力）价格的升高，将引发劳动力（或能源）需求的增加。具体分区域来看，西南地区能源需求的劳动力价格弹性最高；劳动力价格每上升1%，将引发当地的能源需求增加1.17%左右。中部地区与西北地区的能源需求也受当地劳动力价格波动影响显著，而东北地区的这一影响非常微弱。

对于劳动力资源相对丰富的中国来说，劳动力与能源之间呈现相互替代的关系是一项很重要的利好消息。政府可采用对劳动力价格水平进行调节的方式，在一定程度上缓解临时性的能源短缺。通过对劳动力价格水平的适当控制，既可以有效地吸纳社会闲置人口充分就业，以维持社会稳定，又可以达到节约能源的目的。当然，从另一方面来看，由于劳动力价格高低直接关系到社会工作人员的福利水平和生活质量，这一措施又具有较大的局限性。特别是国民收入降低会引发内需不足，进而严重阻碍中国社会经济的发展步伐。因此，在该政策的执行过程中，需做好充分的调查与研究工作，以准确权衡各方面的利弊，以实现政策效应的最优化。

此外，能源价格的上涨，也将引发劳动力需求量的增加，尽管这一作用强度不及劳动力价格波动对能源需求的影响那么明显。从具体影响强度来看，西南地区劳动力需求的能源价格弹性（η_{LE}）最高，能源价格每上涨1%，将导致劳动力需求量增加0.27%左右。

3. 资本-劳动力

对所有区域而言，资本与劳动力之间均存在着相互替代的关系，即资本（或劳动力）价格的上涨，将引发劳动力（或资本）需求量的降低。其中，直辖市、东北地区及东部沿海地区的弹性较小，而其余三个地区资本与劳动力之间的替代弹性较大。

■ 第四节　本章小结

本章的主要目的是估算中国生产要素、能源品种之间的替代弹性。考虑到不同省份在经济发展水平、主导产业类型、资源禀赋、能源结构等方面存在着显著差异，且上述差异会对替代弹性结果产生重要影响，首先对全国进行了区域划分。在此基础上，基于超越对数成本函数，运用似乎不相关回归法分别估计关于各种生产要素、能源品种成本份额的联立方程组，最终得到各区域生产要素、能源品种之间的需求价格弹性。

研究发现，区域主导产业类型对当地经济系统中各种生产要素成本份额具有重要影响。比如，对于资本密集型产业占主导的直辖市地区而言，其资本的成本份额位居全国首位，而能源的成本份额为全国最低。相反，以劳动密集型产业为主的中部地区及以能源密集型产业为主的西北地区，其劳动力、能源的成本份额分别位居全国最高。

另外，区域能源结构受当地资源禀赋的影响非常显著。例如，煤炭资源极其丰富的中部地区，其能源结构中煤炭的成本份额居全国最高，而石油份额最低；对于石油资源较为丰富的东北地区而言，其石油的成本份额位居全国首位；而能源资源非常匮乏的东部沿海，电力在能源消费结构中占据较大比重。

此外，各区域生产要素、能源品种之间替代弹性结果如下。

从能源品种之间的替代关系来看：①对绝大部分区域而言，煤炭与电力、石油与电力之间的交叉价格弹性为正，即一种能源价格的升高，将导致另一种能源需求量的升高，说明两种能源品种之间呈现较为稳定的相互替代关系；相反，除直辖市地区以外，煤炭与石油之间呈现相互互补关系。②对所有区域而言，电力的需求价格弹性为负，即电价的上涨，将引发电力需求量的降低；同样，对绝大部分区域而言，煤炭、石油的需求价格弹性也为负。

从生产要素之间的替代关系来看：①对所有区域而言，资本与劳动、能源与劳动之间的交叉价格弹性为正，即上述生产要素之间存在替代关系。相反，除直辖市地区以外，能源与资本之间的交叉价格弹性为负，即两者之间呈现互补关系。②对所有区域而言，资本、劳动的需求价格弹性均为负，即随着资本、劳动力价格的升高，其需求量将减少。而对能源需求的价格弹性而言，中部地区为正，其他地区均表现为负。

第六章

基于替代弹性视角的碳税政策减排效果分析

改革开放以来,中国能源强度的持续降低对二氧化碳减排做出了重要贡献,但快速的经济增长与人口规模的不断扩张,仍然导致其排放总量迅速增加。2007年,中国二氧化碳排放量超过美国而位居全球第一。截至2012年年底,中国能源消耗相关的二氧化碳排放量(含香港)已达 82.51 亿吨,占全球排放总量的26%。Fan 等(2007b)基于投入-产出分析方法,从技术进步、人口、经济增长、城市化进程等角度情景分析中国未来的二氧化碳排放增长路径。结果显示,即使中国能源效率能取得一定程度的改进,其二氧化碳排放总量依然会呈现快速增长趋势;且在未来二十年内,中国人均二氧化碳排放量远低于发达国家的这一优势将难以维持(图 6-1)。

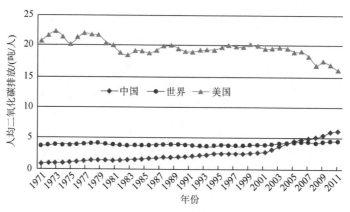

图 6-1　中国美国及全球人均二氧化碳排放(1971～2011 年)

资料来源:*CO₂ emissions from fuel combustion 2014*

作为一个负责任的发展中国家，近些年来，中国政府在减少化石能源消耗、控制温室气体排放等方面做出了积极的努力并取得了巨大的成就。截至 2005 年年底，中国单位 GDP 能耗已实现在 1990 年的基础上减少了 46%；按照这一趋势，中国政府在哥本哈根全球气候变化会议上向全世界庄重承诺：到 2020 年，中国二氧化碳排放强度将在 2005 年基础上降低 40%～45%。在此背景下，一系列旨在控制温室气体排放的政策措施先后被制定并积极实施。2014 年年底，中美就温室气体减排达成协议，中方提出将于 2030 年左右促进碳排放达到峰值，同时将非化石能源在一次能源中的比重由当前的 10%左右提高到 2030 年的20%。由此可见，采取合适的政策措施以促进温室气体减排已成为中国政府当前所面临的一项艰巨而迫切的任务。

总体来看，控制温室气体排放的手段主要包括行政命令和规制、基于总量控制的市场手段（即排污权交易）和基于价格控制的税收手段三种类型（何建武和李善同，2010）。其中，较其他两种措施而言，碳税政策更适用于解决长期性环境问题，因而被认为是最为有效的减排手段。目前，世界上许多国家都开始推行碳税政策，如挪威、瑞典、芬兰、荷兰、丹麦、瑞士、英国、德国、法国、意大利、美国、加拿大、日本等。为顺利实现二氧化碳减排目标，中国的碳税政策目前也正处于酝酿阶段并呼之欲出。碳税的征收，将对宏观经济产生何种影响？又将实现多大程度的二氧化碳减排？同时，由于各区域生产要素、能源品种之间替代弹性的不同，同一碳税政策的实施在不同地区和行业的减排效果将呈现何种差异？围绕上述问题，学者们对中国碳税政策问题展开了深入研究。

第一节 中国碳税政策研究述评

一、碳税政策对经济增长的影响

在碳税政策实施对中国经济增长的影响方面，王灿等（2005）研究发现，为了使中国 2010 年二氧化碳排放量削减 40%，相关碳税政策将造成中国约3.9%的 GDP 损失。同时，相对于基准情景减排 10%和 30%二氧化碳的边际成本分别为 100 元/吨和 470 元/吨。与此相比，Lu 等（2010）、Zhou 等（2011）的计算结果显得相对比较乐观。Lu 等（2010）的研究表明，中国开征 100 元/吨的碳税，对 GDP 造成的损失仅为 0.38%左右。Zhou 等（2011）的分析结果显示，30 元/吨、60 元/吨和 90 元/吨的碳税税率将分别导致中国 2020 年的 GDP 总量损失 0.11%、0.25%和 0.39%。此外，贺菊煌等（2002）分析认为，碳税政策的实施还将造成煤炭、建筑业和农业劳动力的减少。鉴于如此高昂的二氧化碳减排成本，吴巧生和成金华（2003）指出，中国参与全球气候变化政策谈判的立足点必须放在维护国家的根本利益上，以争取属于自己的发展空间。薛钢（2010）还论述了开征碳税应考虑的效率、公平、收入、成本等多元化的政策目标，并就中国碳税设计如何满足上述目标进行了分析。

二、碳税政策的减排效果模拟

魏涛远和格罗姆斯洛德（2002）通过分析发现，如果中国征收 5 美元/吨的碳税，短期内将实现二氧化碳减排 8%的环境效益；如果将这一税率提高到 10 美元/吨，二氧化碳排放降低率也将相应地增加到 14%。王金南等（2009）分析表明，与基准情景相比，若中国 2010 年征收 20 元/吨的碳税，将实现二氧化碳减排 0.9 亿吨；若 2010 年征收碳税的税率为 50 元/吨，则二氧化碳减排量可达 1.9 亿吨。朱永彬等（2010）的模拟结果显示，如果在 2007 年开征 100 元/吨的生产性碳税，当年可实现 2123 万吨碳等价物的减排效果，相当于中国 2007 年碳排放总量[①]的 1.3%。杨超等（2011）的研究显示，如果中国征收的碳税定额税率为 8.84 元/吨，将可获得二氧化碳减排 3.92%的环境收益，但需为此付出 0.99%的总产出下降和 2.96%的 CPI 上涨等经济成本；如果碳税税率设定为 17.99 元/吨，将可实现 7.67%的二氧化碳减排效应，同时，总产出下降率和 CPI 上涨率将分别高达 1.96%和 5.99%。周晟昌等（2011）的研究表明，如果碳税收入直接归政府所有，征收 30、60、90 元/吨 CO_2 的碳税，2020 年的减排率分别可达 5.56%、10.45%和 14.74%。

三、同一碳税政策的减排效果差异

同一税率碳税政策的实施，将对中国不同行业和地区的发展造成不同程度的影响。何建武和李善同（2010）分析指出，同一碳税政策对资源丰富的西部地区造成的福利损失比经济发达的东部地区要高 1～2 个百分点，因此会造成地区发展差距的扩大。李娜等（2010）的研究结论与之类似，即同一的碳税政策对能源富集地区，尤其是欠发达地区经济发展产生较大的负面影响；相反，由于发达地区的产品竞争优势和要素集聚优势导致其出口增加，同一的碳税政策对当地 GDP 增长具有正向的促进作用，因而会进一步加剧区域经济发展的不均衡性。姚昕和刘希颖（2010）认为，碳税的征收对高耗能产业的冲击比较明显，不仅可以有效抑制这些行业的过度增长，还将加速淘汰低能效的落后工艺。陆

---

① 国际能源署（International Energy Agency，IEA）发布的 *CO₂ Emissions from Fuel Combustion 2009—Highlights* 显示，中国 2007 年的二氧化碳排放总量为 60.28 亿吨，折合碳等价物为 16.4397 亿吨。

旸（2011）发现，与低碳行业相比，征收相同税率的碳税将对高碳行业的产出增长率与就业增长率造成更大程度的负面影响。由于在产业结构方面与西方国家存在着较大的差异，这一研究结论与欧洲国家的情况恰好相反。

四、总结

综上所述，现有关于中国碳税政策的研究绝大部分采用 CGE 模型作为分析工具。CGE 模型不仅具有坚实的微观经济理论基础，且兼容了投入产出、线性规划等模型的优点；此外，它还充分体现经济系统整体内协调一致的相互作用机制（赵永和王劲峰，2008）。然而，由于方法上的缺陷，CGE 模型在分析能源与环境政策的过程中也存在着一些局限。例如，从碳税政策减排效果的产生机理来看，碳税的征收将导致能源使用成本的升高，进而引导人们转变其生产与消费方式，包括节约能源，用含碳量低的能源替代含碳量高的能源品种，以及用非能源生产要素替代能源等措施，以达到降低生产成本与二氧化碳减排的目的。因此，碳税政策的实际减排效果，将在很大程度上取决于能源与其他生产要素之间，以及各能源品种之间的替代弹性（胡剑锋和颜扬，2011）。正如姚昕和刘希颖（2010）所指出，生产要素、能源品种之间的替代弹性，是运用 CGE 模型进行能源与环境政策模拟过程中所涉及的重要参数。

然而，现有分析能源与环境问题的 CGE 模型对这一环节的处理比较粗糙，主要表现为对替代弹性值的设定或估计存在很大的随意性和不规范性，主要表现为：①不同研究者对弹性值的设定存在巨大的差异；②有些弹性值一旦被定下来后则很少改变（赵永和王劲峰，2008）；③对不同经济体设定相同的替代弹性等，因而会给最终的分析结果带来较大的误差。

为解决可计算一般均衡分析中替代弹性设定的随意性问题，本章结合第五章关于各区域生产要素、能源品种之间替代弹性的估算结果，对同一碳税政策在不同区域的二氧化碳减排效果进行评估。本章剩余部分的结构安排如下：首先，从生产要素、能源品种相互替代视角，阐述碳税政策减排效果的产生机理；其次，估算某一碳税政策对各区域不同能源品种价格的影响程度；最后，运用第五章中关于各区域生产要素、能源品种之间替代弹性的估算结果，对比分析同一碳税政策在不同区域的减排效果，并对各区域二氧化碳减排的详细脉络进行剖析。

■ 第二节　碳税政策减排效果的产生机理

通过对能源消耗过程中所排放的二氧化碳进行征税，可间接导致能源使用成本的升高。为了维持原有的经营利润，生产者不得不采取提高产品销售价格的办法，将碳税征收所增加的生产成本转嫁到消费者身上。随着产品价格的上涨，消费者对其需求随之开始降低。产品市场需求的减少将迫使生产者控制其生产规模，这一过程虽然可实现能源节约与二氧化碳减排，但从长远来看，产品需求的降低不仅给企业的经营利润造成更大程度的损害，还将对宏观经济发展产生一定程度的影响。

为了避免上述现象的发生，理性生产者需采取其他措施来应对碳税征收所引发的连锁反应。首先，在碳税政策实施之前，经济系统中各种生产要素根据其相互比价关系，形成了相对固定的搭配比例。而碳税政策所导致的能源使用成本上升，打破了各种生产要素之间传统的配额比例。为了寻找新的市场均衡点，企业经营者需对原有的生产策略进行相应的调整，即运用一定量的非能源生产要素对能源进行替代；这一过程将实现一定的二氧化碳减排效果。其次，区域经济系统中生产要素投入比例的改变，还将对当地产业结构的长期演化趋势产生间接影响。比如，在宏观经济系统中，随着资本成本份额的提升，且伴随着能源成本份额的相对下降，当地产业结构将由能源密集型向资本密集型转变（图6-2）。

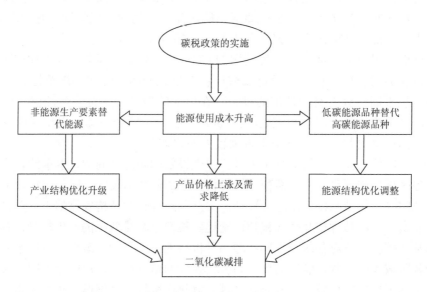

图 6-2　碳税政策减排效果的产生机理示意图

另外，理性生产者还可以采取另一条途径来缓解碳税政策的成本增加效应。由于各种燃料在含碳量方面存在一定的差异，同一碳税的征收对各种能源使用成本的影响程度也不等同。总体来看，碳税对高碳能源品种使用成本的影响比较显著，而对低碳能源品种的影响不甚明显。为了在保证产量不变的情况下尽可能地降低碳税政策的影响程度，生产经营者将会增加低碳能源品种的投入量并同时降低高碳能源投入。上述应对措施客观上将导致能源结构的优化调整及二氧化碳的减排（图6-2）。

第三节　碳税政策对能源价格的影响

一、碳税政策的价格传导机制

为了使研究工作得以顺利开展，其中一个环节不可或缺，即计算碳税政策对各种能源使用成本的间接影响程度。其具体过程如下（Agostini et al.，1992）。

第一步，先假设在未实施碳税政策的情况下，消耗某种能源 i 所排放出的二氧化碳为 E_i。此时，E_i 由该种能源的消耗量（C_i）及二氧化碳排放系数（e_i，单位为吨二氧化碳/吨标准煤）共同决定，即

$$E_i = e_i \cdot C_i \tag{6-1}$$

同时，如果已知该能源品种当前价格为 p_i，则在未实施碳税政策的情况下，消耗 C_i 吨能源品种 i 所付出的总成本为

$$TC_{未实施} = p_i \cdot C_i \tag{6-2}$$

第二步，假设开始实施碳税政策，且税率为 t（单位：元/吨二氧化碳），则此时消耗 C_i 吨能源品种 i 所付出的总成本为

$$TC_{实施} = (p_i + t \cdot e_i) \cdot C_i \tag{6-3}$$

由此可知，碳税政策的实施（税率为 t，单位：元/吨二氧化碳），对能源价格的影响程度可用式（6-4）表示：

$$\Delta P = \frac{TC_{实施}}{TC_{未实施}} - 1 = \frac{t \cdot e_i}{p_i} \times 100\% \tag{6-4}$$

二、碳税政策对能源价格的影响程度

根据式（6-4），为计算碳税政策的实施对能源价格的影响程度，必须事先获得碳税的税率 t、每种能源的二氧化碳排放系数 e_i 和当期能源价格 p_i。

（一）碳税税率的设定

关于中国碳税税率的选取，不同研究者所持的观点莫衷一是。王金南等

（2009）认为，中国碳税税率方案应遵循逐步提高、循序渐进的原则，2012 年征收碳税税率为 20 元/吨，2020 年提高到 50 元/吨，2030 年再提高到 100 元/吨。姚昕和刘希颖（2010）在考虑中国经济增长阶段性特征的前提下，通过求解在增长约束下基于福利最大化的碳税模型，从而得到最优税率的演化路径，即由 2008 年的 7.31 元/吨上升至 2020 年的 57.61 元/吨。此外，陆旸（2011）所设定的碳税税率为 10 元/吨二氧化碳，并以 10 元为公差递增至 50 元/吨。朱永彬等（2010）所采用的三种碳税情形分别是 20 元/吨（低）、50 元/吨（中）和 100 元/吨（高）。

为了准确分析碳税的实施效果，必须保证各研究区的产业结构不会因碳税政策的执行而发生较大程度的改变。为此，碳税的税率不可设定得过高，且研究的时间跨度不宜太大（Floros and Vlachou，2005）。结合上述限制条件，同时考虑到中国当前的经济发展与能源环境状况，并参考现有研究所采用的碳税标准，设定中国的碳税税率为 50 元/吨二氧化碳。

（二）各种能源的二氧化碳排放系数

各种化石能源（原煤、焦炭、汽油、柴油）二氧化碳排放系数的计算过程遵循以下思路：首先，根据《2006 年 IPCC 国家温室气体清单指南》（第二卷）中提供的每种化石能源碳含量的缺省值，计算得到单位热量能源释放所排放的二氧化碳量。随后，根据《中国能源统计年鉴 2010》中提供的各种化石能源的平均低位发热量，推算出单位能源消耗的二氧化碳排放量，即二氧化碳排放系数。结果显示，中国原煤、焦炭、汽油、柴油的二氧化碳排放系数分别为 1.98、3.04、3.19、3.16（表 6-1）。

表 6-1　各种化石能源平均低位发热量和二氧化碳排放系数

指标	原煤	焦炭	汽油	柴油
碳含量的缺省值/（千克/吉焦）	25.8	29.2	20.2	20.2
平均低位发热量/（千焦/千克）	20 908	28 435	43 070	42 652
二氧化碳排放系数	1.98	3.04	3.19	3.16

其次，为了与第五章中所研究的能源品种对应，此处需要将上述四种化石能源的二氧化碳排放系数进行合并（即原煤与焦炭合并为煤炭，汽油与柴油合并为石油）。具体合并方法为：以各种能源消费量为权重进行加权平均。由于所分析区域的能源消费结构存在较大差异，不同区域的煤炭、石油的二氧化碳排放系数也各不相同（主要表现为煤炭的二氧化碳排放系数方面），结果如图 6-3 所示。

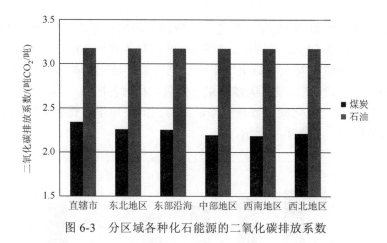

图 6-3 分区域各种化石能源的二氧化碳排放系数

电力的二氧化碳排放因子采用另一种途径来估算。为规范地区、行业、企业及其他单位核算电力消费所隐含的二氧化碳排放量，确保估算结果的可比性，国家发展和改革委员会应对气候变化司于 2011 年公布了《2010 年中国区域及省级电网平均二氧化碳排放因子》。该报告提供了 2010 年各省级电网平均的二氧化碳排放因子，结果详如表 6-2 所示。

表 6-2 2010 年中国省级电网平均二氧化碳排放因子

电网名称	二氧化碳排放因子/（千克 CO_2/千瓦时）	电网名称	二氧化碳排放因子/（千克 CO_2/千瓦时）
北京	0.8292	河南	0.8444
天津	0.8733	湖北	0.3717
河北	0.9148	湖南	0.5523
山西	0.8798	重庆	0.6294
内蒙古	0.8503	四川	0.2891
山东	0.9236	广东	0.6379
辽宁	0.8357	广西	0.4821
吉林	0.6787	贵州	0.6556
黑龙江	0.8158	云南	0.4150
上海	0.7934	海南	0.6463
江苏	0.7356	陕西	0.8696
浙江	0.6822	甘肃	0.6124
安徽	0.7913	青海	0.2263
福建	0.5439	宁夏	0.8184
江西	0.7635	新疆	0.7363

注：具体计算过程详见《2010 年中国区域及省级电网平均二氧化碳排放因子》

由于上述结果为 2010 年电量边际排放因子的加权平均值，选择 2010 年作为研究基准年。据《2012 中国电力年鉴》，可获取各省份 2010 年的发电量数据。将各省份的发电量与对应省级电网平均二氧化碳排放因子相乘，可近似得到该省份 2010 年电力行业二氧化碳排放量。此后，利用各区域（第五章所划分的六大区域）2010 年二氧化碳排放总量除以其对应的发电量，得到各区域电力的二氧化碳排放因子，如图 6-4 所示。

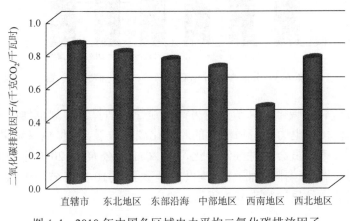

图 6-4　2010 年中国各区域电力平均二氧化碳排放因子

（三）对能源价格的影响程度

根据本章所设定的碳税税率标准（50 元/吨二氧化碳），以及图 6-3 和图 6-4 中所提供的各区域不同能源品种的二氧化碳排放系数，并结合 2010 年的能源价格数据（以 1995 年为基期），可采用式（6-4）估算碳税政策对不同区域各种能源价格的影响程度，结果如图 6-5 所示。由此可见，50 元/吨碳税政策的实施，

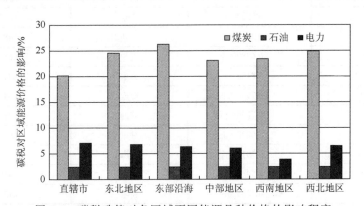

图 6-5　碳税政策对各区域不同能源品种价格的影响程度

对各区域煤炭价格的影响最为明显，导致煤炭价格平均增长 20%以上；对电力价格的影响次之，引起电价平均增长 4%～7%。相反，碳税政策对石油价格的影响比较微弱，引发石油价格平均增长 2.5%左右。

第四节　碳税政策减排效果及区域差异

在估算碳税政策的减排效果之前，需对各地区能源消耗与二氧化碳排放情况进行初略的对比。2010 年，中国各区域不同能源品种的终端消费量及相关的二氧化碳排放量比例如图 6-6 所示。

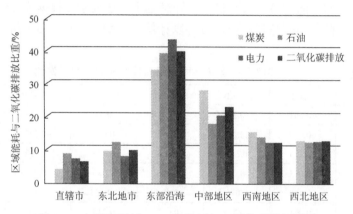

图 6-6　中国各区域 2010 年能耗与二氧化碳排放比重

图 6-6 表明，中国能源消耗与二氧化碳排放总量在区域间存在着巨大的差异。由于经济总量巨大，东部沿海地区消耗了全国 34%的煤炭、39%的石油及 43%的电力；同时，其二氧化碳排放量（27.18 亿吨）占全国的比重高达 40%左右。随着中部崛起战略的实施，中部六省份的能耗与二氧化碳排放总量在中国也占据了比较突出的位置。特别是依赖当地（山西、河南、安徽）丰富的煤炭资源，2010 年，该地区消耗了全国近三成的煤炭与两成的电力；同时，其二氧化碳排放量（15.59 亿吨）占全国的比重也高达 23%。西南地区也依赖当地较为丰富的煤炭资源（如贵州等），消耗了全国 15%的煤炭并排放了 11.4%的二氧化碳。

随着西部大开发战略的持续推进，以及内蒙古自治区近年来快速的经济发展，西北地区的能源消耗与二氧化碳排放量在全国也占有相当的比重。2010 年，各种能源的终端消耗及二氧化碳排放均占据全国总量的 10%以上。东北地区除了石油消耗量的比重较高外（12%），其余指标均不足 10%。直辖市地区由于经济总量较小，产业结构以服务业为主，以及能源结构较为合理等原因，其能源消耗与二氧化碳排放总量占全国的比重均最低。

一、碳税政策的总体减排效果

如前文所述，碳税政策的减排效果主要来源于含碳量低的能源品种对含碳量高的能源品种的替代，以及非能源生产要素（如资本、劳动力等）对能源的替代两个方面。因此，在估算碳税政策的具体减排效果时，不仅要考虑能源品种之间的替代弹性，还需考虑其他生产要素与能源之间的替代弹性。本书第五章中所推导出的各种能源之间的总替代弹性，恰好满足了上述要求。根据式（5-17），各区域不同能源品种之间的总替代弹性可得以计算，详细结果如表 6-3 所示。

表 6-3 **2010 年各区域不同能源品种之间的总替代弹性**

能源品种	直辖市	东北地区	东部沿海	中部地区	西南地区	西北地区
煤炭-煤炭	−0.261	−0.375	0.119	−0.090	−0.354	−0.074
煤炭-石油	−0.067	−0.218	−0.291	0.056	−0.240	−0.098
煤炭-电力	−0.124	0.388	−0.413	0.034	−0.112	0.010
石油-煤炭	−0.013	−0.066	−0.095	0.036	−0.106	−0.037
石油-石油	−0.368	0.075	−0.409	−0.284	−0.394	−0.261
石油-电力	−0.071	−0.215	−0.057	0.249	−0.205	0.137
电力-煤炭	−0.022	0.134	−0.085	0.014	−0.040	0.003
电力-石油	−0.061	−0.245	−0.036	0.154	−0.168	0.097
电力-电力	−0.369	−0.093	−0.430	−0.167	−0.496	−0.262

根据各区域不同能源品种之间总替代弹性的计算结果，并结合碳税政策对各种能源价格的影响程度（图 6-5），可估算出碳税政策对各种能源需求量的影响。随后，基于各种能源的二氧化碳排放系数，可进一步估算出碳税政策在各区域的二氧化碳减排效果。从全国层面来看，如果在 2010 年开征 50 元/吨的碳税，当年可实现二氧化碳减排 1.97 亿吨，占排放总量的 2.85%。该结果与王金南等（2009）的研究结论非常相近（"若 2010 年征收碳税的税率为 50 元/吨，则 CO_2 减排量可达 1.9 亿吨"）。由此可见，碳税政策的实施，对中国二氧化碳减排具有举足轻重的作用。其中，因煤炭需求量减少而实现的二氧化碳减排为

0.96 亿吨，占总减排量的 48.73%；因石油、电力需求量减少而实现的二氧化碳减排分别为 0.19 亿吨和 0.82 亿吨，占总减排量的 9.64% 和 41.62%。

从区域层面来看，同一碳税政策的实施，对中国不同区域所产生的减排效果存在显著差异。其中，东部沿海地区的减排效果最为突出，共可实现二氧化碳减排 0.8 亿吨，占该地区 2010 年二氧化碳排放总量的 2.95%。"十一五"期间，中国各级政府经过不懈努力，基本完成能源强度降低 20% 的节能目标，共实现了约 6 亿吨标准煤的能源节约与 15 亿吨二氧化碳减排的成果。而 50 元/吨的碳税的征收，可促进东部沿海地区 2010 年减排二氧化碳 0.8 亿吨，占整个"十一五"期间全国减排总量的 5% 以上。同样，50 元/吨的碳税的征收，将促进西南地区 2010 年减排二氧化碳 0.55 亿吨。尽管从总量方面来看不如东部沿海地区明显（0.8 亿吨），但其占该地区二氧化碳的比重高达 7%，远高于东部地区略低于 3% 的减排率。二氧化碳减排率超过 3% 的区域还包括直辖市地区（减排二氧化碳 1494 万吨，占该地区排放总量的 3.79%）和东北地区（减排二氧化碳 1897 万吨，占其排放总量的 3.04%）。

此外，50 元/吨的碳税征收，可分别促进中部地区减排二氧化碳 1431 万吨，占其排放总量的 0.92%；以及西北地区减排二氧化碳 1317 万吨，占其排放总量的 1.6%。对上述地区而言，碳税政策的减排效果远不及在西南地区、东部沿海地区等显著，但是 1%～2% 的二氧化碳减排率也足以显示该政策在一定程度上的有效性。如果能对上述地区生产要素及能源品种之间的替代弹性进行适当调整，并对该地区各种能源的价格加以有效的引导与管制，碳税政策在该地区的减排效果仍有较大的提升空间。

二、各区域二氧化碳减排脉络剖析

对于某一特定区域而言，碳税政策的减排效果是由各种能源之间通过相互替代（或互补）而形成的减排量的加总。通过对各区域二氧化碳减排的脉络进行深入剖析，可为区域减排政策的合理制定与有效执行提供决策依据。

（一）直辖市地区

碳税政策的实施导致直辖市地区 2010 年二氧化碳减排的详细脉络如图 6-7 所示。图 6-7 表明，由于直辖市地区煤炭需求的价格弹性为负，碳税的征收引发该地区煤炭需求量下降，进而形成了 576 万吨的二氧化碳减排能力，占当地减排总量的

39%左右。与之相类似，由于电力需求的价格弹性也为负，50 元/吨的碳税征收形成了 567 万吨的二氧化碳减排能力，占当地减排总量的 38%左右。上述两部分占据直辖市地区碳税政策减排效果的近 80%，是该地区碳税政策减排效果的主要组成部分。尽管直辖市地区石油需求的价格弹性也为负，但由于碳税政策实施对石油价格影响程度较小（比如，50 元/吨的碳税政策仅引发直辖市地区石油价格上升2.42%），其二氧化碳减排效果不甚明显，仅为 18.5 万吨，占当地减排总量的 1.2%。

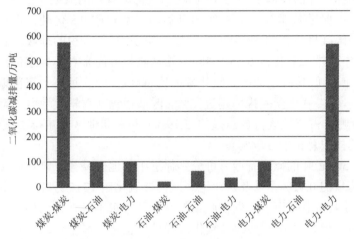

图 6-7　直辖市地区二氧化碳减排的脉络分析

此外，由于煤炭与石油之间、煤炭与电力之间及石油与电力之间均呈现互补的关系，一种能源价格的增加，必将引发另一种能源需求量的降低，进而导致后一种能源减少二氧化碳排放。例如，煤炭价格的上升，导致直辖市地区电力需求量的减少，从而实现 96 万吨的二氧化碳减排，占当地减排总量的 6.4%。反之亦然。

（二）东北地区

东北地区 2010 年二氧化碳减排的详细脉络如图 6-8 所示。如上文所述，碳税政策的实施，将导致该地区实现二氧化碳减排 1897 万吨，占其 2010 年二氧化碳总排放量的 3.04%。实现这一减排效果的最大原因是煤炭需求的价格弹性为负。煤炭需求量随着碳税政策实施及煤炭价格上涨显著下降，进而实现 2716 万吨的二氧化碳减排。同理，电力需求也随着碳税实施而降低，进而实现 147 万吨的二氧化碳减排。此外，由于煤炭和石油、石油和电力之间均存在着互补关系，石油价格的上涨，将分别导致煤炭、电力减排二氧化碳 156 万吨和 139

万吨。同理，煤炭、电力价格的上涨，又反过来促进石油共减排二氧化碳 295万吨。

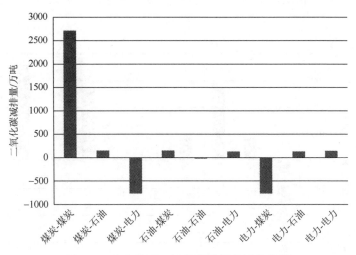

图 6-8　东北地区二氧化碳减排的脉络分析

相反，由于石油需求的价格弹性为正，碳税的征收不但未能实现二氧化碳减排，反而导致其增加二氧化碳排放量 17 万吨。此外，由于煤炭和电力之间呈现较为明显的替代关系，煤炭价格的上涨，导致电力需求量增加，进而增排二氧化碳 769 万吨；反之亦然。这一过程在较大程度上抵消了碳税政策对该地区二氧化碳的减排效果。由此可见，通过制定合理有效的政策，减小该地区经济发展对石油的刚性需求，是东北地区实现二氧化碳减排的重要策略之一。

（三）东部沿海地区

东部沿海地区 2010 年二氧化碳减排的详细脉络如图 6-9 所示。50 元/吨碳税的征收，可促进该区域二氧化碳减排 0.8 亿吨，占全国总减排量的 40%以上。导致这一结果的原因主要包括以下三个方面。

首先，石油和电力需求的价格弹性均为负。两种能源价格的上涨，将导致其二氧化碳排放量的降低。例如，电力需求量因电价上涨而降低 475 亿千瓦时，仅这一项即实现二氧化碳减排 3551 万吨，占该地区 2010 年二氧化碳减排总量的 44%。同理，石油因需求量降低而实现二氧化碳减排 318 万吨。

其次，各种能源之间均呈现互补关系。某种能源价格的上涨，在导致自身需求量降低的同时，也将引导与之互补的能源品种需求量的下降，进而减少其二氧化碳排放量。例如，电力、石油分别因煤炭价格上涨而实现二氧化碳减排 2902万吨和 791 万吨。相反，电力、石油价格上涨也将导致煤炭共实现二氧化碳减排3698 万吨。

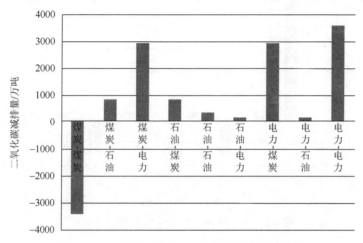

图 6-9　东部沿海地区二氧化碳减排的脉络分析

此外，各种能源需求量的基数较大，是东部沿海地区碳税减排效果显著的又一原因。图 6-6 显示，东部沿海地区的煤炭、石油与电力的终端消耗均占全国总需求量的 1/3 以上。因此，能源价格的略微变动，将对能源需求量及与之相关的二氧化碳排放量产生显著的影响。相反，煤炭需求的价格弹性为正，又在很大程度上抵消了东部沿海地区碳税政策的减排效果。由此可见，重型化的产业结构特征（如山东、河北、江苏等）对煤炭形成了较为强烈的刚性需求，成为制约该地区低碳经济发展的重要障碍。

（四）中部地区

中部地区 2010 年二氧化碳减排的详细脉络如图 6-10 所示。从减排比例上来看，中部地区碳税政策的减排效果最不明显，50 元/吨碳税的实施，仅能促进该地区 2010 年减排二氧化碳 0.92%。其中，煤炭、石油、电力需求的价格弹性均为负，是中部地区碳税政策减排效果得以实现的最根本原因。其中，煤炭需求量因煤价上涨而减少 812 万吨，相应地减排二氧化碳 1779 万吨；电力需求量因电价上涨而降低 80 亿千瓦时，相应地减排二氧化碳 559 万吨。此外，石油需求也因石油价格上涨而减少，进而实现 97 万吨的二氧化碳减排。

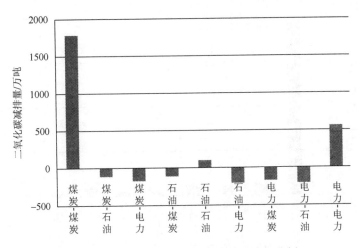

图 6-10 中部地区二氧化碳减排的脉络分析

相反，各种能源之间均呈现相互替代的关系，是导致中部地区碳税政策减排效果微弱的最直接原因。具体来看，由电力价格上涨所引发的煤炭需求量增加，导致后者增排二氧化碳 177 万吨；相反，由煤炭价格上涨所引发的电力需求量增加，导致其增排二氧化碳 176 万吨。同样，石油和电力之间及煤炭和石油之间相互替代的关系，也对该地区碳税政策减排效果的发挥产生了一定的阻碍作用。因此，通过制定有效政策以减轻中部地区经济发展对能源的巨大依赖，是促进当地二氧化碳减排的重要手段。

（五）西南地区

西南地区 2010 年二氧化碳减排的详细脉络如图 6-11 所示。从减排比例上来看，西南地区碳税政策的减排效果最为明显，50 元/吨碳税的实施，可促进该地区 2010 年减排二氧化碳 7%。如此显著的碳税政策减排效果，主要来自该地区各种能源需求量均随其价格上升而下降。其中，煤炭需求量因煤价上涨而降低 1770 万吨，进而引发 3558 万吨二氧化碳减排，占该地区二氧化碳减排总量的 70%以上，因而成为西南地区碳税政策减排效果的主要来源。类似地，石油、电力也分别因各自的价格上涨而实现二氧化碳减排 102 万吨和 418 万吨。

此外，煤炭与石油、煤炭与电力、石油与电力之间均存在着互补关系，也在不同程度上促进了碳税政策减排效果的发挥。例如，煤炭需求量因石油价格上涨而降低 84 万吨，相应地减排 267 万吨二氧化碳；电力需求量因煤炭价格上涨而降低 43 亿千瓦时，从而实现二氧化碳减排 202 万吨；石油需求量因电力价格上涨而降低 27 万吨，实现了 87 万吨的二氧化碳减排成果。

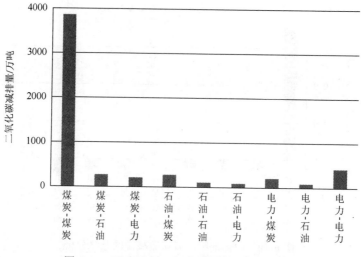

图 6-11　西南地区二氧化碳减排的脉络分析

（六）西北地区

西北地区 2010 年二氧化碳减排的详细脉络如图 6-12 所示。从减排总量上来看，西北地区碳税政策的减排效果最为微弱，50 元/吨碳税的实施，可促进该地区 2010 年减排二氧化碳 1317 万吨。其中，煤炭与电力需求的价格弹性双双为负，是西北地区碳税政策减排效果的主要来源。具体来看，煤炭需求量因煤价上涨而减少 312 万吨，相应地实现二氧化碳减排 689 万吨；电力需求量因电价上涨而降低 80 亿千瓦时，从而促进二氧化碳减排 607 万吨。两者之和占该地区 2010 年二氧化碳减排总量的 98%以上。此外，石油需求的价格弹性为负，以及煤炭与石油之间呈现互补关系，也对该地区碳税政策减排效果的实现做出了不同程度的贡献。例如，煤炭价格的上涨，导致石油需求量减少，进而实现二氧化碳减排 88 万吨；反之亦然。

与上述情况相反，由于煤炭和电力之间，以及石油与电力之间均存在相互替代关系，一种能源价格上涨，必将导致另一种能源需求量增加，进而增加其二氧化碳排放。例如，电力价格上涨，导致西北地区石油需求量增加 26 万吨，进而增加其二氧化碳排放量 84 万吨；反之亦然。由此可见，严重依赖当地丰富的能源资源，是西北地区温室气体减排所面临的重要问题之一。如果当地政府能采取合理措施，有效降低西北地区经济发展对能源资源的依赖程度，并在经济活动过程中积极引导其他生产要素对含碳量高的能源品种进行替代，那西北地区所面临的"资源诅咒"和生态环境恶化的窘境将得以一定程度的缓解。

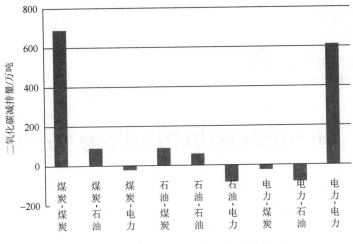

图 6-12　西北地区二氧化碳减排的脉络分析

■ 第五节　本章小结

本章首先从生产要素、能源品种之间相互替代的视角，阐释了碳税政策减排效果的产生机理。随后，根据各种能源的碳排放系数，估算给定碳税政策对各种能源价格的影响程度。最后，结合第五章中关于各区域生产要素、能源品种之间替代弹性的估算结果，对比分析同一碳税政策在不同区域的减排效果，并对各区域内部减排的脉络进行剖析。

碳税政策减排效果的产生机理如下：碳税的征收将导致能源使用成本的升高；理性生产者通常采取用非能源生产要素替代能源、用低碳能源品种替代高碳能源品种两种途径，来应对生产成本上升对企业利润带来的冲击。其中，非能源生产要素对能源进行替代，不仅直接导致一定程度的二氧化碳减排，还有利于促进产业结构的优化升级；另外，低碳能源对高碳能源品种的替代，客观上引发了能源结构的优化调整，并同时伴随着二氧化碳的减排。

碳税政策的减排效果分析结果显示：50 元/吨的碳税政策将促进中国 2010 年实现二氧化碳减排 1.97 亿吨，占当年排放总量的 3%左右。具体分区域来看，东部沿海地区的减排效果最为明显，可实现 0.8 亿吨的二氧化碳减排，占其当年二氧化碳的 2.97%左右；西南地区可实现 0.55 亿吨的二氧化碳减排。从减排数量上来看，直辖市、东北地区、中部地区和西北地区的碳税政策减排效果相对较弱，均处于 0.2 亿吨以下。但由于直辖市地区和东北地区排放基数较小，上述两个地区依然能实现 3%以上的二氧化碳减排。

第七章

劳动力价格波动对中国能源生产率的影响

本章是实证研究生产要素替代对中国节能减排政策实施效果影响的一个拓展与延伸。第六章从区域层面着重分析生产要素、能源品种之间替代弹性差异对中国碳税政策减排效果的影响。本章从另外一个视角，即基于本书第五章劳动力与能源之间替代关系的结论，对劳动力价格波动进行不同情景设定，并运用数据包络分析方法考察不同情景下的省际层面能源生产率差异，进而评估劳动力价格波动对中国能源生产率的影响，以及这一影响在空间上的分布状况。

本章结构安排如下：第一节对省际层面能源生产率的研究脉络进行梳理；第二节对劳动力的价格波动状况进行情景设定，并详细介绍不同情景下的能源生产率测度方法；第三节对比分析不同情景下的省际层面能源生产率差异，并探索劳动力价格波动导致各省份能源生产率变化的途径差异；第四节对本章进行总结，并提出相应的政策建议。

■ 第一节 能源生产率研究脉络梳理

改革开放以来，随着中国生产技术水平的不断进步、产业结构的优化调整及管理水平的逐步提升，中国的能源利用效率得以显著提高。从 20 世纪 70 年代末到 21 世纪初的 20 多年间，中国的能源强度（单位 GDP 能耗）呈现出持续而快速的下降趋势。随后，由于高耗能行业的快速发展（图 7-1）[①]，其能源需求量开始快速增加，由 2002 年的 15.9 亿吨飙升至 2005 年的 23.6 亿吨，短短三年之内即增长了 50%。特别是 2003 年、2004 年，中国能源消费弹性系数分别高达 1.53 和 1.6。至此，能源强度结束了 20 多年来持续下降的局面并开始反向增加。经

---

① 2002～2005 年，中国先后成为全球最大的钢铁、水泥、焦炭、平板玻璃、铝等生产基地。

估算，2002～2005 年，中国能源强度年均增长 3.8%（Zhou et al.，2010）。

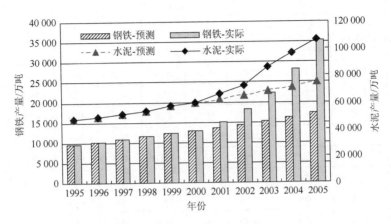

图 7-1 中国 1995～2005 年钢铁、水泥产量增长示意图

巨大的能源需求对中国能源供应安全乃至国民经济的持续健康发展提出了严峻的挑战。为了积极应对当前的能源短缺问题，并尽快扭转近年来能源强度持续上升的不利趋势，2007 年，国务院颁布《节能减排综合性工作方案》，提出到 2010 年，中国万元国内生产总值能耗由 2005 年的 1.22 吨标准煤降低到 1 吨标准煤以下，降低 20%左右。为确保节能减排目标的顺利实现，国务院将上述任务以较为均等的方式分解到省级政府，并与地方政府的主要负责人签订了目标责任书，对无法按时完成节能减排任务的领导将实行问责制。经过各级政府的不懈努力，截至 2010 年年底，中国单位 GDP 能耗降低了 19.1%，二氧化硫排放量减少 14.29%，化学需氧量排放量减少 12.45%，完成"十一五"期间的节能减排任务。各省份节能减排目标的完成情况如表 7-1 所示。

表 7-1 各地区"十一五"期间节能减排目标完成情况

地区	能源强度			二氧化硫排放量			化学需氧量排放量		
	2005 年/（吨标准煤/万元）	2010 年/（吨标准煤/万元）	降低率/%	2005 年/万吨	2010 年/万吨	降低率/%	2005 年/万吨	2010 年/万吨	降低率/%
北京	0.79	0.58	26.59	19.1	11.5	39.8	11.6	9.2	20.7
天津	1.05	0.83	21.00	26.5	23.5	11.3	14.6	13.2	9.7
河北	1.98	1.58	20.11	149.6	123.4	17.5	66.1	54.6	17.4
山西	2.89	2.24	22.66	151.6	124.9	17.6	38.7	33.3	13.9
内蒙古	2.48	1.92	22.62	145.6	139.4	4.3	29.7	27.5	7.5

续表

地区	能源强度			二氧化硫排放量			化学需氧量排放量		
	2005年/ （吨标准 煤/万元）	2010年/ （吨标准煤 /万元）	降低 率/%	2005 年/万 吨	2010 年/万 吨	降低率 /%	2005 年/万 吨	2010年 /万吨	降低率 /%
辽宁	1.73	1.38	20.01	119.7	102.2	14.6	64.4	54.2	16.0
吉林	1.47	1.15	22.04	38.2	35.6	6.7	40.7	35.2	13.4
黑龙江	1.46	1.16	20.79	50.8	49.0	3.5	50.4	44.4	11.8
上海	0.90	0.71	20.00	51.3	35.8	30.2	30.4	22.0	27.8
江苏	0.92	0.73	20.45	137.3	105.0	23.5	96.6	78.8	18.4
浙江	0.90	0.72	20.01	86.0	67.8	21.1	59.5	48.7	18.1
安徽	1.22	0.97	20.36	57.1	53.2	6.8	44.4	41.1	7.4
福建	0.94	0.78	16.45	46.1	40.9	11.3	39.4	37.3	5.4
江西	1.06	0.85	20.04	61.3	55.7	9.1	45.7	43.1	5.7
山东	1.32	1.03	22.09	200.3	153.8	23.2	77.0	62.1	19.4
河南	1.40	1.12	20.12	162.5	133.9	17.6	72.1	62.0	14.0
湖北	1.51	1.18	21.67	71.7	63.3	11.8	61.6	57.2	7.1
湖南	1.47	1.17	20.43	91.9	80.1	12.8	89.5	79.8	10.8
广东	0.79	0.66	16.42	129.5	105.1	18.8	105.8	85.8	18.9
广西	1.22	1.04	15.22	102.3	90.4	11.6	107.0	93.7	12.4
海南	0.92	0.81	12.14	2.2	2.9	−31.0	9.5	9.2	2.9
重庆	1.43	1.13	20.95	83.7	71.9	14.0	26.9	23.5	12.8
四川	1.60	1.28	20.31	129.9	113.1	12.9	78.3	74.1	5.4
贵州	2.81	2.25	20.06	135.8	114.9	15.4	22.6	20.8	7.8
云南	1.74	1.44	17.41	52.2	50.1	4.1	28.5	26.8	5.8
西藏	1.45	1.28	12.00	0.2	0.4	−92.9	1.4	2.9	−106.6
陕西	1.42	1.13	20.25	92.2	77.9	15.5	35.0	30.8	12.2
甘肃	2.26	1.80	20.26	56.3	55.2	2.0	18.2	16.8	8.1
青海	3.07	2.55	17.04	12.4	14.3	−15.7	7.2	8.3	−16.1
宁夏	4.14	3.31	20.09	34.3	31.1	9.4	14.3	12.2	14.8
新疆	另行考核			51.9	58.8	−13.4	27.1	29.6	−9.2

　　随着能源效率/能源生产率改进在节能减排工作中的作用被越来越清晰地认识，学者们对能源生产率的测度方法进行了广泛而深入的研究。截至目前，对能源效率/能源生产率的研究大体上经历了单要素能源效率—全要素能源效

率—考虑非合意产出的全要素能源效率。

一、单要素能源效率

能源效率较早是按照单要素的形式定义的，其中最为流行的度量指标是单位能源消耗所产生的 GDP（又称能源生产率），即单位 GDP 能耗（或能源强度）的倒数。Shi（2007）发现，中国能源生产率较高的省份主要集中在东南沿海地区，而最低的地区主要是煤炭资源比较丰富、以煤炭消费为主的内陆省份。齐绍洲和罗威（2007）指出，随着中国东部与西部地区人均 GDP 的收敛，两者之间的能源强度也呈现收敛的趋势；具体来看，东部与西部地区人均 GDP 的差异每降低 1%，将导致能源强度差异缩小 0.49%。李国璋和王双（2008）认为，区域内能源强度所显示的区域技术进步是影响中国能源强度变动的决定因素。张力小和梁竞（2010）发现，能源资源禀赋对区域能源利用效率存在显著的逆向影响，即能源越丰富的地区，能源利用效果越低。Wu（2012）的分析表明，人均收入水平的提高，以及嵌入在新增资本投资中的先进技术均有助于区域能源强度的降低。宋枫和王丽丽（2012）的研究显示，由地区间经济结构变化导致的能源强度变化分化明显，并与部门内能源效率的作用相互加强，造成地区间能源强度分布趋于发散。

二、全要素能源效率

然而，传统单要素能源生产率测度指标仅反映能源投入与产出之间的相互关系，忽略了产出是由能源与资本、劳动力等其他生产要素投入共同组合的结果，因而具有比较明显的缺陷（李国璋和霍宗杰，2010）。为了更加全面与客观地揭示区域要素禀赋结构对能效的影响，全要素能源效率指标越来越多地被研究者们所采用。同时，由于研究对象以中国不同的省份为主，数据包络分析和随机前沿分析（stochastic frontier analysis，SFA）方法成为最常用的分析工具。Hu 和 Wang（2006）的研究显示，中国区域全要素能源效率与人均收入水平之间呈现"U"形关系，即能源效率将随着经济发展水平的提高而不断改进；此外，中部地区的全要素能源效率在三大区域中最低。魏楚和沈满洪（2007）的分析表明，1995～2004 年，中国大多数省份能源效率符合"先上升，再下降"的特征，转折点一般出现在 2000 年左右，且能效由高到低依次为东北老工业基地、东部沿海、中部和西部。师博和沈坤荣（2008）认为，市场分割扭曲了资源配置，阻碍了地区工业规模经济的形成，进而导致中国能源禀赋相对充裕的中西部地区全要素能源效率低下。Chang 和 Hu（2010）发现，2000~2004 年，中国能源生产率年均降低 1.4%；此外，增加电力消耗在能源结构中的比重有利于提高区域能源生产率，而第二产业占 GDP 的比重的增加，将导致区域能源生产率的降低。

三、考虑非合意产出的全要素能源效率

尽管用全要素能源效率指标测度区域能效水平显得更加合理，但其仍未能充分地反映区域经济系统的投入与产出过程。事实上，能源消耗在为区域经济生产活动提供动力来源的同时，也排放出二氧化硫、二氧化碳等副产品，而处理这些非合意的产出需要付出巨大的经济成本（Färe et al.，2007；Zhou and Ang，2008）。对于生产过程的产出端而言，多数研究仅考虑了合意的经济产出而忽略了对污染物等非合意产出的考察，因而会导致对能源效率的高估（魏楚和沈满洪，2009）。为了将非合意产出纳入能源效率的研究范畴，Färe 等（2005）引入了一个既考虑经济产出，又考虑污染物排放等非合意产出的联合生产框架，并运用数据包络分析技术进行能源效率与环境绩效的测度，这也是当前估算考虑非合意产出的区域能源效率最为流行的方法[①]。

沿袭这一思路，Yeh 等（2010）测度并对比了考虑二氧化碳和二氧化硫为非合意产出情况下的中国内地与台湾地区能源利用效率，发现台湾的能效水平高于内地；其次，内地的二氧化碳减排潜力高达 11.28%，而台湾地区仅为 1.5%。Shi 等（2010）运用数据包络分析技术估算在考虑非合意产出与能源最小投入约束下的各省份工业能源效率，结果显示，中国能源效率由东向西呈现递减趋势，且能源密集型的产业结构及纯技术效率低下是大部分省份工业能源浪费的主要原因。此外，Zhang 等（2008）基于多种污染物产出与资源投入视角，测算了中国 30 个省份工业行业的生态效率，发现除海南和青海以外，生态效率高的省份均位于经济相对发达地区。Wang 等（2011）研究发现，中国的环境经济效率目前仍处于较低水平，其同时增加 GDP 并减少二氧化碳的潜力高达 36%~40%。

然而，由于使用数据包络分析方法或随机前沿分析方法所计算出来的能源效率仅反映不同生产决策单元之间的相对效率状况，可以用于决策单元之间能源效率的横向比较，但无法描述各决策单元能源效率的动态变化特征。因此，为有效考察不同决策单元能源效率的动态变化状况，能源生产率指数方法在随

---

① 另一种将非合意产出纳入能源效率研究框架的方法是：将污染产出作为投入端而保持生产技术不变，或对污染产出进行逆处理（魏楚和沈满洪，2009）。

后的研究中得以越来越广泛地应用。

■ 第二节 能源生产率测度方法

本章基于前沿分析框架，借用距离函数对考虑非合意产出情况下的能源生产率进行定义；随后，选用数据包络分析方法，对不同劳动力价格情景下的能源生产率进行计算。

一、生产技术设定

将每个省份看作一个生产决策单元，假设每一生产单元利用资本、能源、劳动力三种投入要素来生产"好"的产出，同时不可避免地排放出"坏"的产出。从理论上看，与这一生产过程所对应的生产技术 T 可用数学集合表达如下：

$$T = \{(E,K,L,Y,U) : (E,K,L)能够生产(Y,U)\} \qquad (7\text{-}1)$$

式中，E、K 与 L 分别表示能源、资本与劳动力投入；Y 表示合意产出；U 表示非合意产出。根据 Färe 和 Primont（1995）、Chung 等（1997），生产技术 T 应满足单调性、紧密型、齐次性、投入与产出的可获得性等限制条件。

此处，与其他研究者所假设的非合意产出和"好"的产出之间存在联合弱处置性（jointly weak disposability）不同（Färe et al., 2007；Zhou and Ang, 2008），此处认为非合意产出量与能源消费量之间存在连带关系；因为绝大部分大气污染物，如二氧化硫、二氧化碳等均来自化石能源的燃烧（Färe et al., 2005；Dixon et al., 2010）。同时，由于煤炭在中国的能源结构中长期占据高达 70%左右的比重，上述假设更加符合中国的能源与环境状况。对应于这一假设，生产技术 T 除需满足一般性限制条件外，还应满足下面的条件，即

$$若 (E,K,L,Y,U) \in T 且 \delta \geqslant 1，则 (E/\delta,K,L,Y,U/\delta) \in T \qquad (7\text{-}2)$$

δ 是一个标量，它测度能源投入与污染物产出的收缩程度。该限制条件暗示着非合意产出将随着能源消耗量的降低减少相同的比例。结合现实生产状况，由于能源投入对于经济生产活动至关重要，在一般情况下，它无法被其他生产要素完全替代；也就是说，δ 无法趋于正无穷大，以避免得出在一个经济系统中既无能源消耗又无污染物排放的不切实际的结论。

二、投入方向距离函数

尽管已经对考虑非合意产出的生产技术 T 进行了完整的定义，但它并不能

被直接应用于能源生产率的测度。为此，Shephard（1953）所提出的距离函数，近年来在效率测度领域得到了广泛的应用。根据不同的研究目的，学者们对原始的距离函数形式向各个方向上进行了拓展。考虑到投入方向的距离函数在区分能源与非能源投入及处理多产出生产技术方面的优势，此处选择它作为分析工具。此外，为了考察劳动力价格波动对中国能源生产率的潜在影响，本章对劳动力价格进行了五种情景设定，即基准情景（不考虑劳动力价格变动）和四种波动情景（假设劳动力价格分别上涨 10%、20% 和降低 10%、20%）。随后，运用 Malmquist 指数方法构建基准情景和劳动力价格波动情景下各省份能源生产率。

鉴于上述研究目标，生产决策单元在保持合意产出与非能源投入固定的前提下，尽可能多地降低能源投入与非合意产出。运用与 Bian 和 Yang（2010）类似的方法，投入方向距离函数可被定义如下：

$$D(E,K,L,Y,U) = \sup\{\lambda \geq 1 : (E/\lambda, K, L, Y, U/\lambda) \in T\} \tag{7-3}$$

式中，$D(E,K,L,Y,U)$ 表示某一生产决策单元在保持合意产出与非能源投入固定的前提下，能源投入与非合意产出降低的最大比例。在该情景下，每一个生产决策单元的能源效率均等于其对应距离函数值的倒数。此外，$D(E,K,L,Y,U)$ 满足单调性；且满足对能源投入和非合意产出的一阶齐次性条件（Färe and Primont，1995），即

$$D(E/\lambda, K, L, Y, U/\lambda) = \frac{1}{\lambda} \cdot D(E,K,L,Y,U) \tag{7-4}$$

三、能源生产率指数构建与分解

由于能源生产率反映了式（7-4）所定义的能源效率的动态变化，此处基于上述投入方向距离函数，运用 Malmquist 指数方法构建五种劳动力价格情景下生产决策单元的能源生产率指数（$M^{t,t+1}$）。

$$M^{t,t+1} = \left(\frac{D^t(E_t, K_t, L_t, Y_t, U_t)}{D^t(E_{t+1}, K_{t+1}, L_{t+1}, Y_{t+1}, U_{t+1})} \cdot \frac{D^{t+1}(E_t, K_t, L_t, Y_t, U_t)}{D^{t+1}(E_{t+1}, K_{t+1}, L_{t+1}, Y_{t+1}, U_{t+1})} \right)^{1/2} \tag{7-5}$$

$M^{t,t+1}$ 测度的是跨期内某生产者要生产固定产出 y，其实际投入离参考技术前沿最优投入距离的变化，反映该生产者能源利用效率的变动。如果 $M^{t,t+1} > 1$，则表明随着时间推移，生产固定产出所需的能源投入量变少，即表示该生产者的能源使用效率提高。反之，若 $M^{t,t+1} < 1$，则表明生产者能源利用效率降低。若 $M^{t,t+1} = 1$，则表示能源利用效率保持相对稳定。

此外，$M^{t,t+1}$ 可进一步分解为能源技术进步（$MTC^{t,t+1}$）和能源技术效率改进

（MEC$^{t,t+1}$）两种效应，即

$$\mathrm{MTC}^{t,t+1} = \left(\frac{D^{t+1}(E_{t+1},K_{t+1},L_{t+1},Y_{t+1},U_{t+1})}{D^{t}(E_{t+1},K_{t+1},L_{t+1},Y_{t+1},U_{t+1})} \cdot \frac{D^{t+1}(E_{t},K_{t},L_{t},Y_{t},U_{t})}{D^{t}(E_{t},K_{t},L_{t},Y_{t},U_{t})} \right)^{1/2} \quad (7\text{-}6)$$

$$\mathrm{MEC}^{t,t+1} = \frac{D^{t}(E_{t},K_{t},L_{t},Y_{t},U_{t})}{D^{t+1}(E_{t+1},K_{t+1},L_{t+1},Y_{t+1},U_{t+1})} \quad (7\text{-}7)$$

式中，MTC$^{t,t+1}$ 表示生产前沿的变动，一般看作纯技术创新效应；MEC$^{t,t+1}$ 表示跨期内前沿技术相对使用效率的变化，通常称为追赶或落后效应。

四、能源生产率估算

依据式（7-5）对能源生产率的定义，要获得 $M^{t,t+1}$ 的值需要求解四个距离函数值。目前，对于距离函数求解存在两类广泛使用的方法：一种是非参数的数学规划方法（如 DEA 方法），利用数学线性规划求解函数值；另一种是参数计量经济学方法，即首先赋予距离函数某一具体函数形式（如二次项函数、超越对数函数等），然后运用计量经济学方法估计函数值，如 SFA 方法。由于函数形式的不适当设定可能导致估计结果出现误差，本书选用 DEA 方法构造前沿技术以计算距离函数值。

DEA 方法基于决策单元的实际投入产出数据构造生产前沿，主要存在四种方法：①混合所有数据估计一个前沿面；②运用所有生产单位某一期数据构造当期技术前沿；③视窗分析法（windows analysis approach），即用所有生产单位连续两年或三年数据构造某一期技术前沿；④序列 DEA 方法。相比其他三种方法而言，序列 DEA 方法的一个显著优点是能够避免由某短期投入或产出波动而导致技术前沿"下陷"，进而引发伪技术退步的情况，因此本书选用序列 DEA 方法。

依据式（7-1），考虑一个由 N（$i=1, 2, \cdots, N$）个决策单元组成的生产系统，决策单元 i 在第 t 期的投入产出集为（$E_i^t, K_i^t, L_i^t, Y_i^t, U_i^t$），那么生产技术集 T 在 t 期的序列生产可能性前沿为 $\bar{T}^t = T^1 \cup T^2 \cup \cdots \cup T^t$，其中，$T^t$ 由第 t 期 N 个决策单元的投入产出构造而成，可表示为

$$T^t = \{(E^t,K^t,L^t,Y^t,U^t)：(E^t,K^t,L^t) \text{ 能够生产 } (Y^t,U^t)\}$$

$$= \left\{ (E^t,K^t,L^t,Y^t,U^t)：\sum_{i=1}^{N} z_i^t E_i^t \leq E_i^t, \sum_{i=1}^{N} z_i^t K_i^t \leq K_i^t, \sum_{i=1}^{N} z_i^t L_i^t \leq L_i^t, \right.$$
$$\left. Y_i^t \leq \sum_{i=1}^{N} z_i^t Y_i^t, \sum_{i=1}^{N} z_i^t U_i^t = U_i^t, z_i^t \geq 0, i=1,2,\cdots,N \right\} \quad (7\text{-}8)$$

式中，z_i^t 表示构造当期前沿时决策单元 i 观测值的权重。关于投入和合意产

出的不等式条件表达了强处置性，而非合意产出的等式反映了弱处置性条件。

为求得各决策单元的能源生产率指数 $M^{t,t+1}$，需估算两种类型的距离函数，即同期距离函数 $[\ D^t(E_t,K_t,L_t,Y_t,U_t)$、$D^{t+1}(E_{t+1},K_{t+1},L_{t+1},Y_{t+1},U_{t+1})\ ]$ 和交叉期距离函数 $[\ D^t(E_{t+1},K_{t+1},L_{t+1},Y_{t+1},U_{t+1})$、$D^{t+1}(E_t,K_t,L_t,Y_t,U_t)\ ]$。对于决策单元 i 而言，同期距离函数 $D^t(E_t,K_t,L_t,Y_t,U_t)$ 可通过求解下面的线性规划获取：

$$D^t(E_t,K_t,L_t,Y_t,U_t)=\max \lambda_i^{t,t}$$

$$\text{s.t.}\begin{cases}\sum_{s=1}^{t}\sum_{i=1}^{N}z_i^s E_i^s \leqslant \dfrac{1}{\lambda_i^{t,t}}\cdot E_i^t \\[2mm] \sum_{s=1}^{t}\sum_{i=1}^{N}z_i^s K_i^s \leqslant K_i^t \\[2mm] \sum_{s=1}^{t}\sum_{i=1}^{N}z_i^s L_i^s \leqslant L_i^t \\[2mm] \sum_{s=1}^{t}\sum_{i=1}^{N}z_i^s Y_i^s \leqslant Y_i^t \\[2mm] \sum_{s=1}^{t}\sum_{i=1}^{N}z_i^s U_i^s = \dfrac{1}{\lambda_i^{t,t}}\cdot U_i^t \\[2mm] z_i^s \geqslant 0, i=1,\cdots,N\end{cases} \tag{7-9}$$

同理，将式（7-9）中决策单元 i 在第 t 期投入产出观测值对应替换成其第 $t+1$ 期观测值，前沿水平同时也变成 $t+1$ 期技术前沿，即可求出 $D^{t+1}(E_{t+1},K_{t+1},L_{t+1},Y_{t+1},U_{t+1})$。决策单元 i 交叉期距离函数 $D^t(E_{t+1},K_{t+1},L_{t+1},Y_{t+1},U_{t+1})$ 可以通过解以下线性规划求得

$$D^t(E_{t+1},K_{t+1},L_{t+1},Y_{t+1},U_{t+1})=\max \lambda_i^{t,t+1}$$

$$\text{s.t.}\begin{cases}\sum_{s=1}^{t}\sum_{i=1}^{N}z_i^s E_i^s \leqslant \dfrac{1}{\lambda_i^{t,t+1}}\cdot E_i^{t+1} \\[2mm] \sum_{s=1}^{t}\sum_{i=1}^{N}z_i^s K_i^s \leqslant K_i^{t+1} \\[2mm] \sum_{s=1}^{t}\sum_{i=1}^{N}z_i^s L_i^s \leqslant L_i^{t+1} \\[2mm] \sum_{s=1}^{t}\sum_{i=1}^{N}z_i^s Y_i^s \geqslant Y_i^{t+1} \\[2mm] \sum_{s=1}^{t}\sum_{i=1}^{N}z_i^s U_i^s = \dfrac{1}{\lambda_i^{t,t+1}}\cdot U_i^{t+1} \\[2mm] z_i^s \geqslant 0, i=1,\cdots,N\end{cases} \tag{7-10}$$

式中，$D^t(E_{t+1},K_{t+1},L_{t+1},Y_{t+1},U_{t+1})$ 表示决策单元 i 在第 $t+1$ 期投入产出观测值与

第 t 期生产可能性前沿 $\overline{T}^t$ 的距离。同理，将决策单元 i 在第 $t+1$ 期的观测值对应换成第 t 期观测值，前沿水平 $\overline{T}^t$ 替换为第 $t+1$ 期的技术前沿 $\overline{T}^{t+1}$，该决策单元的交叉期距离函数 $D^{t+1}(E_t, K_t, L_t, Y_t, U_t)$ 也可以通过求解相似的线性规划获得。

第三节　结果与讨论

本章的研究期限为 2005～2010 年。基于式（7-9）和式（7-10），五种劳动力价格情景下中国内地 30 个行政省份的能源生产率可分别得以估算。由于能耗数据缺失，西藏自治区未被包括在研究范围之内。

一、数据来源

根据前文所述，生产技术 T 包括三种要素投入（能源 E、资本 K、劳动力 L）和两种产出（"好"的产出 Y 与"坏"的产出 U）。其中，能源、劳动力投入分别由年度的能源消耗量与从业人员两个指标来表示，合意产出与非合意产出分别由实际 GDP、二氧化硫排放量表示，上述数据都可以从对应年份的《中国统计年鉴》及《中国能源统计年鉴 2011》中直接获取。资本存量是衡量资本投入最合适的指标，但是统计部门尚未对该指标进行统计。此处再次采用永续盘存法，对各省份 2005～2010 年的资本存量进行估算（具体步骤参见本书第五章相应部分的内容）。各项指标的基本统计性质如表 7-2 所示。

表 7-2　各投入-产出指标的基本统计性质

变量	单位	最大值	最小值	均值
资本存量	亿元（2005 年）	80 064	1 744	19 961
从业人员	万人	6 042	268	2 424
能源消耗量	万吨标煤	34 808	822	10 875
实际 GDP	亿元（2005 年）	40 503	543	9 266
二氧化硫排放量	万吨	200.3	2.2	79.6

二、计算结果

本书运用 Matlab 软件对式（7-9）和式（7-10）分别进行求解。随后，根据式（7-5），各省份基准情景和劳动力价格波动情景下能源生产率指数及其相应的组成部分可依次得以计算。

（一）基准情景下能源生产率及其分解

基准情景下各省份2006～2010年能源生产率指数及其演变趋势如表7-3所示。总体来看，在整个"十一五"期间，中国能源生产率的均值为1.0123。其中，2006年、2007年能源生产率呈现略微下降趋势，而"十一五"后三年，能源生产率得以较大幅度地提高。从省际层面来看，26个省份的能源生产率都实现了不同程度的增长。其中，海南和天津增长幅度最大，均达5%以上；吉林、湖北、黑龙江、浙江四个省份增长幅度处于第二等级，均在3%以上；而山东、河北、青海等20个省份的能源生产率也实现了一定程度的增长，但增幅均在3%以下。与之相反，陕西、广西、内蒙古和贵州四个省（自治区）的能源生产率在"十一五"期间呈现降低趋势。其中，陕西、广西的降低幅度较小，而内蒙古和贵州的降低幅度较大。

表 7-3　基准情景下各省份 2006～2010 年能源生产率

省份	2005/2006	2006/2007	2007/2008	2008/2009	2009/2010	均值
北京	1.0286	1.0238	1.0341	1.0290	1.0174	1.0266
天津	0.9892	1.1405	1.0732	1.0828	1.0137	1.0599
河北	1.0219	1.0224	1.0450	1.0350	1.0225	1.0294
山西	0.9801	1.0021	1.0625	1.0542	1.0319	1.0262
内蒙古	0.6524	0.7753	1.0000	1.0198	1.0096	0.8914
辽宁	1.0328	1.0318	1.0199	1.0236	1.0336	1.0283
吉林	1.0310	1.0262	1.0300	1.0507	1.0431	1.0362
黑龙江	1.0318	1.0352	1.0378	1.0372	1.0329	1.0349
上海	1.0124	1.0212	1.0005	1.0004	1.0033	1.0076
江苏	0.9813	1.0385	1.0393	1.0420	1.0290	1.0260
浙江	1.0279	1.0249	1.0424	1.0453	1.0187	1.0318
安徽	1.0213	1.0194	1.0271	1.0378	1.0325	1.0276
福建	1.0203	1.0148	1.0176	1.0238	1.0195	1.0192
江西	1.0109	1.0031	1.0155	1.0097	1.0105	1.0099
山东	1.0102	1.0194	1.0491	1.0395	1.0313	1.0299
河南	0.9993	1.0080	1.0212	1.0408	1.0171	1.0173
湖北	1.0298	1.0197	1.0549	1.0484	1.0242	1.0354
湖南	1.0175	1.0174	1.0416	1.0238	1.0020	1.0205

续表

省份	2005/2006	2006/2007	2007/2008	2008/2009	2009/2010	均值
广东	1.0012	1.0020	1.0004	1.0003	1.0001	1.0008
广西	0.9316	0.9574	0.9705	0.9854	0.9772	0.9644
海南	1.0187	1.0302	1.1529	1.0696	1.0555	1.0654
重庆	1.1685	0.8726	0.9921	1.0065	0.9972	1.0074
四川	1.0008	1.0023	1.0212	1.0430	1.0298	1.0194
贵州	0.9288	0.4523	0.9554	0.9648	0.9825	0.8568
云南	1.0063	1.0186	1.0269	1.0343	1.0261	1.0224
陕西	1.0387	0.9709	1.0035	0.9770	0.9958	0.9972
甘肃	0.9862	1.0053	1.0259	1.0672	1.0412	1.0251
青海	0.9840	1.0197	1.0301	1.0645	1.0481	1.0293
宁夏	1.0103	0.9898	1.0330	1.0159	1.0162	1.0131
新疆	1.0014	1.0295	1.0283	1.0082	0.9811	1.0097
全国平均	0.9992	0.9865	1.0284	1.0294	1.0181	1.0123

　　根据前文所述，能源生产率的变动可进一步分解为能源技术进步和能源效率改进两个分支。图 7-2 显示了"十一五"期间中国各省份能源生产率变化的组成部分。总体来看，能源技术进步对能源生产率提升的作用一般表现为正，而能源效率改进的作用一般为负。图 7-2 表明，对绝大部分省份而言，能源生产率的提高主要来自能源技术进步分支，而能源效率改进分支的贡献一般较小。但对于内蒙古、广西、贵州、陕西等省份而言，能源效率改进分支在促进能源生产率变化过程中所发挥的作用较为明显。

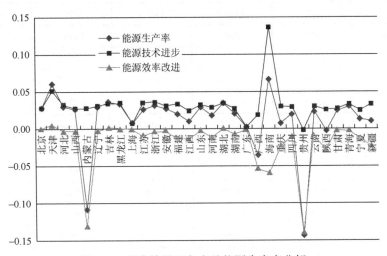

图 7-2　基准情景下各省份能源生产率分解

（二）替代情景下能源生产率及其分解

为考虑劳动力价格波动对中国能源生产率的影响，本章设定四种劳动力价格波动情景，分别为劳动力价格上涨 10%、20%和下跌 10%、20%。根据本书第五章中关于劳动力自价格弹性和劳动力-能源交叉价格弹性的计算结果，可对劳动力价格波动下各省份劳动力和能源需求进行估量。随后，不同劳动力价格情景下各省份"十一五"期间能源生产率均值可分别得以估算，结果如表 7-4 所示。

表 7-4　劳动力价格波动情景下各省份能源生产率对比

省份	劳动力价格升高 20%	劳动力价格升高 10%	劳动力价格不变	劳动力价格降低 10%	劳动力价格降低 20%
北京	1.0251	1.0257	1.0266	1.0279	1.0288
天津	1.0577	1.0583	1.0599	1.0621	1.0647
河北	1.0234	1.0261	1.0294	1.0328	1.0364
山西	1.0162	1.0211	1.0262	1.0313	1.0366
内蒙古	0.8796	0.8836	0.8914	0.9048	0.9103
辽宁	1.0197	1.0241	1.0283	1.0322	1.0371
吉林	1.0301	1.0329	1.0362	1.0389	1.0416
黑龙江	1.0332	1.0339	1.0349	1.0356	1.0363
上海	1.0056	1.0063	1.0076	1.0093	1.0112
江苏	1.0200	1.0227	1.0260	1.0299	1.0341
浙江	1.0271	1.0291	1.0318	1.0348	1.0380
安徽	1.0210	1.0243	1.0276	1.0312	1.0349
福建	1.0138	1.0162	1.0192	1.0224	1.0257
江西	0.9966	1.0033	1.0099	1.0168	1.0237
山东	1.0224	1.0259	1.0299	1.0342	1.0387
河南	1.0073	1.0122	1.0173	1.0225	1.0279
湖北	1.0310	1.0329	1.0354	1.0381	1.0410
湖南	1.0132	1.0167	1.0205	1.0244	1.0284
广东	1.0006	1.0000	1.0008	1.0014	1.0026
广西	0.9469	0.9552	0.9644	0.9747	0.9864

续表

省份	劳动力价格升高 20%	劳动力价格升高 10%	劳动力价格不变	劳动力价格降低 10%	劳动力价格降低 20%
海南	1.0647	1.0651	1.0654	1.0658	1.0663
重庆	0.9888	0.9976	1.0074	1.0165	1.0047
四川	1.0130	1.0160	1.0194	1.0235	1.0285
贵州	0.8420	0.8491	0.8568	0.8661	0.8722
云南	1.0184	1.0202	1.0224	1.0250	1.0282
陕西	0.9429	0.9730	0.9972	1.0046	1.0150
甘肃	1.0148	1.0199	1.0251	1.0303	1.0356
青海	1.0247	1.0268	1.0293	1.0319	1.0347
宁夏	0.9998	1.0064	1.0131	1.0197	1.0265
新疆	1.0041	1.0068	1.0097	1.0109	1.0120
全国平均	1.0035	1.0077	1.0123	1.0167	1.0203

表 7-4 显示，中国能源生产率与劳动力价格之间存在负相关关系。劳动力价格上涨，将导致中国能源生产率降低；相反，劳动力价格降低，将在不同程度上促进中国能源生产率的提高。在劳动力价格上涨 20% 的情景下，中国能源生产率仅为 0.35%；而在劳动力价格下降 20% 的情景下，能源生产率上升至 2.03%。由此可见，劳动力价格波动，将对中国能源生产率产生重要影响。

劳动力价格波动对中国能源生产率的影响的内在机理可分析如下。根据本书第五章中的结论，对所有区域而言，劳动力自价格弹性为负，且劳动力-能源之间存在相互替代的关系（即能源需求随劳动力价格上涨而上升）。因此，当劳动力价格上涨时，该地区劳动力需求量将降低；与此同时，能源需求量上升。在此背景下，能源在经济系统中的成本份额不断上升，而劳动力所占的成本份额将下降，最终导致宏观产业结构由劳动密集型向能源密集型转变，能源生产率降低的情况随之发生。

此外，劳动力价格波动对中国能源生产率的影响存在着较为显著的空间差异（图 7-3）。就劳动力价格分别上涨 20% 和下降 20% 两种情景而言，陕西省能源生产率受劳动力价格波动影响最为显著，高达 7 个百分点以上；广西、内蒙古、贵州三个省份次之，均高于 3 个百分点；与之相比，北京、上海、天津、广东、海南等省份的能源生产率受劳动力价格波动影响并不明显，变化率均在 1 个百分点以内。

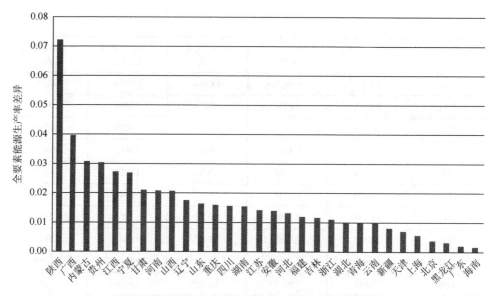

图 7-3 劳动力价格波动影响能源生产率的空间差异

■ 第四节 本章小结

本章的主要目的是运用非参数的数据包络分析方法，研究劳动力价格波动对中国"十一五"时期能源生产率的潜在影响，以及这一影响在空间上的分布状况。结果显示，整个"十一五"期间，中国能源生产率的均值为 1.0123。从省际层面来看，海南和天津增长幅度最大；吉林、湖北、黑龙江、浙江四个省份增长幅度处于第二等级。与之相反，陕西、广西、内蒙古和贵州四个省份的能源生产率在"十一五"期间呈现降低趋势。从能源生产率变动的分解来看，对绝大部分省份而言，能源生产率的提高主要来自能源技术进步分支，而能源效率改进分支的贡献一般较小；但对于内蒙古、广西、贵州、陕西等省份而言，能源效率改进分支在促进能源生产率变化过程中所发挥的作用较为明显。

对所有区域而言，能源生产率与劳动力价格之间均存在负相关关系。劳动力价格上涨 20%、上涨 10%、不变、降低 10%、降低 20% 等五种情景下，中国"十一五"时期的能源生产率均值分别为 0.35%、0.77%、1.23%、1.67% 和 2.03%。同时，劳动力价格波动对中国能源生产率影响存在着较为显著的空间差异。其中，陕西省能源生产率受劳动力价格波动影响最为显著；广西、内蒙古、贵州三个省份次之；而北京、上海、天津、广东、海南等省份的能源生产率受劳动力价格波动影响不尽明显。

第八章

结论与展望

为积极应对中国当前所面临的严峻的能源与环境问题，国务院及时做出在"十一五"期间大力推进节能减排工作的战略部署。经过各级政府的不懈努力，2006~2010年，中国单位GDP能耗降低了19.1%，化学需氧量和二氧化硫排放总量分别降低12.45%和14.29%。然而，随着相关政策的深入执行，其边际效果呈现递减趋势，对"十二五"期间节能减排的贡献已属强弩之末。在此背景下，本书提出应充分发挥市场在资源配置方面的基础性调节作用，并加以必要的行政手段，积极引导非能源生产要素对能源进行替代，以及相对清洁的能源品种对高污染能源进行替代，实现传统产业结构的优化升级及能源结构的调整，进而为缓解中国当前的能源短缺与气候变化困境提供新的途径。

第一节 主要结论

本书首先对中国"十一五"期间节能减排工作进展情况、所取得的成就及仍存在的问题进行回顾，并提出积极引导资本、劳动力等生产要素对能源进行替代，是构建中国节能减排长效机制的重要途径。基于上述认识，对要素替代的概念、形成机理、演变规律及测度方法进行详细阐释与梳理。随后，运用相关计量经济学模型，估算了中国各区域生产要素、能源品种之间的替代弹性。在此基础上，从区域层面实证考察了生产要素、能源品种之间替代弹性差异对碳税政策减排效果的影响。最后，通过对劳动力价格进行不同情景设定，分析劳动力价格波动对中国省际层面能源生产率的潜在影响。本书的主要研究结论可归纳为如下几个方面。

一、生产要素、能源品种之间相互替代的历史演变规律

通过对第一次工业革命以来全球经济增长的历史进行回顾，总结出生产要素之间相互替代的历史演变规律，即能源替代简单劳动是第一次工业革命的主要动力来源，资本替代能源对第二次工业革命的纵深发展及垄断资本主义的形成具有决定性作用，而复杂劳动（指知识、智力、信息等）替代资本又是新科技革命的主要表现形式。由此可见，近代以来的世界经济发展历程，是一个能源替代简单劳动—资本替代能源—复杂劳动替代资本的螺旋式上升过程。

能源利用方式的改变，也在很大程度上促进着社会生产方式的根本性变革。比如，第一次工业革命之前，人类尚处于农业文明阶段，薪柴作为当时的主要能源品种，为人们的生产和生活提供热量来源。工业革命爆发以后，煤炭成为第一次工业革命中的主角——蒸汽机的主要燃料；石油作为第二次工业革命爆发的标志——内燃机的动力来源；而随着化石能源的日益枯竭及生态环境的不断恶化，核能及可再生能源是新科技革命之后能源供给的大势所趋。

生产要素、能源品种之间替代关系的动态演变，促进着全球主导产业的不断优化升级。第一次工业革命以来，全球主导产业经历了农业、手工业—轻工业—重工业—服务业、信息产业的转变。其中，第一次工业革命的爆发，导致纺织、煤炭、冶金等行业日益发展壮大；在此背景下，全球能源与环境问题初现端倪。第二次工业革命的爆发，使得冶金、石油、化工等重工业产业体系在世界范围内最终确立，并推动发达资本主义国家的城市化进程达到了较高阶段，导致全球的能源与环境问题进一步加剧。新科技革命的爆发，引导着社会生产方式的根本性变革，并推动全球主导产业结构由重化工业向信息产业过渡。在这一过程中，随着发达资本主义国家逐步将高耗能、高污染的重化工业向发展中国家转移，其环境质量得到了巨大的改善；相反，广大发展中国家因大量承接污染密集型行业而成为名副其实的"污染避难所"。

二、中国各区域生产要素、能源品种之间的替代弹性

首先，根据经济发展水平、产业结构、资源禀赋、能源结构、地理位置等因素，将全国划分为直辖市、东北地区、东部沿海、中部地区、西南地区、西北地区等六大区域。其次，基于超越对数成本函数，对各区域生产要素、能源品种之间的替代弹性进行估算。结果发现，区域间替代弹性结果存在着显著差异，且弹性值随时间变化比较明显。

从能源品种之间的替代关系来看，①对绝大部分区域而言，煤炭与电力、石油与电力之间的交叉价格弹性为正；相反，除直辖市地区以外，煤炭与石油之间呈现互补关系。②对所有区域而言，电力的需求价格弹性为负，即电价的上涨，将引发电力需求量的降低；同样，对绝大部分区域而言，煤炭、石油的需求价格弹性也为负。

从生产要素之间的替代关系来看，①对所有区域而言，资本与劳动、能源与劳动之间的交叉价格弹性为正，即上述生产要素之间存在替代关系。相反，除直辖市地区以外，能源与资本之间的交叉价格弹性为负，即两者之间呈现互补关系。②对所有区域而言，资本、劳动的需求价格弹性均为负，即随着资本、劳动力价格的升高，其需求量将减少。而对能源需求的价格弹性而言，中部地区为正，其他地区均表现为负。

三、生产要素、能源品种替代弹性对碳税政策减排效果的影响

基于各区域生产要素、能源品种之间的替代弹性结果，进一步对比分析同一碳税政策在不同区域的减排效果。结果显示，如果在 2010 年开征 50 元/吨的碳税，将促进中国当年实现二氧化碳减排 1.97 亿吨，占当年能源相关的二氧化碳排放总量的 3%左右。其中，因煤炭、石油、电力需求量减少而实现的二氧化碳减排分别为 0.96 亿吨、0.19 亿吨和 0.82 亿吨。

另外，同一碳税政策的实施，对中国不同区域产生的减排效果也存在着显著差异。其中，东部沿海地区的减排效果最为明显，可实现 0.8 亿吨的二氧化碳减排，占其当年二氧化碳排放总量的 2.97%左右；西南地区可实现 0.55 亿吨的二氧化碳减排，占该地区当年二氧化碳排放总量的 7%左右。从减排数量上来看，直辖市、东北地区、中部地区和西北地区的碳税政策减排效果相对较弱，均处于 0.2 亿吨以下。但由于直辖市地区和东北地区排放基数较小，上述两个地区依然能实现 3%以上的二氧化碳减排。

从各区域二氧化碳减排的详细脉络来看，直辖市地区的二氧化碳减排主要来源于碳税政策导致当地煤炭和电力需求量显著下降；西北地区的情况与之类似，也是主要得益于煤炭、电力需求量下降进而实现的二氧化碳减排。东北地区、中部地区和西南地区的二氧化碳减排主要由碳税政策作用下煤炭需求量降低所致；然而，由于东北地区的煤炭和电力之间呈现替代关系，这在一定程度上抵消了碳税政策对该地区二氧化碳的减排效果。东部沿海地区的减排效果主要得益于煤炭和电力之间的互补关系，以及碳税政策作用下的电力需求量降低；相反，煤炭自价格弹性为正也在较大程度上抵消了碳税政策的整体减排效果。

四、劳动力价格波动对中国能源生产率的影响

以近年来中国劳动力价格不断上涨为宏观背景，通过对劳动力价格进行不同情景设定，并运用数据包络分析方法，测度不同劳动力价格情景下各省份的能源生产率，从而挖掘劳动力价格波动对中国能源生产率的影响程度，以及这一影响在空间上的分布状况。结果显示，在基准情景下（不考虑劳动力价格波动），中国"十一五"期间的能源生产率均值为 1.0123。其中，海南、天津、吉林、湖北等省份增长幅度最大；与之相反，陕西、广西、内蒙古和贵州四个省（自治区）的能源生产率在"十一五"期间呈现降低趋势。从能源生产率变动的分解来看，中国能源生产率的提高主要来自能源技术进步分支，而能源效率改进分支的贡献份额非常有限。

在考虑劳动力价格波动的情景下，对所有区域而言，中国能源生产率随劳动力价格的上涨而呈现下降趋势。同时，劳动力价格波动对中国能源生产率影响存在着较为显著的空间差异。通过对劳动力价格分别上涨 20% 和下降 20% 两种情景下各省份能源生产率进行对比发现，陕西省能源生产率受劳动力价格波动影响最为显著；广西、内蒙古、贵州三个省（自治区）次之；而北京、上海、天津、广东、海南等省份的能源生产率受劳动力价格波动影响不尽明显。

第二节　主要创新点

本书的创新之处在于主要从如下几个方面进行尝试。

（1）归纳总结了第一次工业革命以来生产要素、能源品种之间相互替代的历史演变规律，以及这一过程所引发的全球主导产业的优化升级路径，从而阐明了全球能源与环境问题由产生到加剧再到国际转移的产业格局演变因素。

通过归纳发现：第一次工业革命以来的世界经济发展历程，是一个能源替代简单劳动（第一次工业革命）—资本替代能源（第二次工业革命）—知识、信息替代资本（新科技革命）的交替过程。生产要素之间替代关系的演变，引导着全球主导产业由农业—轻工业—重工业—服务业和信息产业不断升级，且伴随着全球能源与环境问题的产生、加剧直至国际转移。同时，能源利用方式的改进（薪柴—煤炭—石油、电力—核能、可再生能源），也在很大程度上推动着社会生产方式的根本性变革。

（2）根据需求的自价格弹性与交叉价格弹性的具体内涵，构建了区域层面碳税政策减排效果的数理分析框架，并研究了生产要素、能源品种之间替代弹

性差异对区域碳税政策减排效果的影响。

现有关于碳税政策减排效果的模拟绝大部分采用 CGE 模型作为分析工具。然而，作为 CGE 模型重要参数之一的生产要素、能源品种之间的替代弹性，一般根据经验设定或经简单估算而得，因而存在着一定的随意性和不规范性（赵永和王劲峰，2008）。本书以生产要素、能源品种之间的相互替代关系为切入点，在详细梳理碳税政策减排效果产生的内在机理的基础上，估算 50 元/吨的碳税政策对各种能源品种价格的影响程度；在此基础上，基于各区域生产要素、能源品种之间的替代弹性结果，对比分析同一碳税政策在不同区域的减排效果，并对各区域二氧化碳减排的详细脉络进行深入剖析。

（3）采用数据包络分析方法，测度劳动力价格波动对中国"十一五"时期能源生产率的影响，丰富了能源效率/能源生产率影响因素的研究范围与技术手段。

目前，关于中国能源效率/能源生产率影响因素的研究主要集中于产业结构调整、技术进步、能源价格波动、经济发展水平、能源结构、市场化程度、外商投资水平、所有制结构等方面，而关于其他生产要素价格波动对能源效率/能源生产率影响的研究则非常少见。本书通过对劳动力价格波动状况进行情景设定，运用数据包络分析方法，定量测度劳动力价格波动对中国能源生产率的潜在影响，以及这一效果在空间上的分布状况。

■ 第三节 研究不足与展望

本书的主要研究目的是运用相关计量经济学手段，实证分析生产要素、能源品种之间相互替代对中国区域节能减排政策的影响，从而为相关政策的合理制定提供决策依据。但由于受数据可获得性的影响及知识储备所限，如下几个方面的问题有待进一步完善。

首先，本书第三章的分析表明，新科技革命爆发之后，复杂劳动（知识、信息）替代资本是当前经济发展的主要表现形式。因此，对复杂劳动的存量、价值进行合理度量显得尤为重要。然而，本书在估算生产要素之间替代弹性的过程中，以从业人员数作为劳动力投入量，而未能按照劳动力对知识、信息等的掌握程度将其分为不同的级别。将智力密集型劳动者与普通劳动者作为同等水平对待，将给分析结果造成一定的误差。因此，如果能引入人力资本存量的概念，在测度区域人力资本存量的基础上，进而对各区域生产要素之间的替代弹性进行估算，所得结论将更加符合区域的实际情况。

其次，本书第六章的分析结果显示，如果在 2010 年开征 50 元/吨的碳税政策，对东部沿海、西南地区等产生的二氧化碳减排效果将非常显著；同时，也将在较大程度上促进直辖市地区和东北地区的二氧化碳减排；与之相反，对中部地区、西北地区所产生的二氧化碳减排效果不甚明显。随后，本书从能源品种之间总替代弹性的视角，深入挖掘碳税政策导致各区域二氧化碳减排的详细脉络，从而对导致上述结果的形成原因予以解释。但若究其深层次的原因，则需建立在对当地能源经济系统深刻了解的基础上，不仅需要大量的数据信息，还需要对各区域主导行业甚至主要企业进行实地调研，以获取宝贵的基础资料。因此，未来的工作之一便是选取其中的某个区域作为案例，通过对其能源经济系统进行深入剖析，以对本书的研究结论做出更加完整的解释。

最后，本书研究表明，引导非能源生产要素对能源、相对清洁的能源品种对污染密集型能源进行替代，将对中国节能减排工作产生巨大的推动作用。然而，由于受研究手段和数据不足等多种因素制约，本书未能对政府如何引导生产要素、能源品种之间相互替代提出明确的、切实可行的政策方案。因此，需要在未来的工作中对此进行更加深入的研究，以期为中国节能减排长效工作机制的建立提供切实可行的政策建议。

参 考 文 献

保罗·罗伯茨. 2005. 为后石油时代创造一个市场. 北京：中信出版社：159-160.

陈仁杰，陈秉衡，阚海东. 2010. 我国 113 个城市大气颗粒物污染的健康经济学评价. 中国环境科学，30（3）：410-415.

陈媛媛，李坤望. 2010. FDI 对省际工业能源效率的影响. 中国人口·资源与环境，20（6）：28-33.

成金华，李世祥. 2010. 结构变动、技术进步以及价格对能源效率的影响. 中国人口·资源与环境，20（4）：35-42.

董锋，谭清美，周德群，等. 2010. 技术进步对能源效率的影响——基于考虑环境因素的全要素生产率指数和面板计量分析. 科学学与科学技术管理，（6）：53-58.

樊茂清，任若恩，陈高才. 2009. 技术变化、要素替代和贸易对能源强度影响的实证研究. 经济学（季刊），9（1）：237-258.

高歌. 2011. 推进管理减排的机制设计. 环境保护，（24）：53-55.

高鸿业. 2013. 西方经济学（微观部分）. 5 版. 北京：中国人民大学出版社.

高天明，沈镭，刘立涛，等. 2013. 中国煤炭资源不均衡性及流动轨迹. 自然资源学报，28（1）：92-103.

耿海清，陈帆，刘杰，等. 2010. 煤炭富集区开发模式解析——以锡林郭勒盟为例. 地域研究与开发，29（4）：32-37.

郭纹廷. 2005. 缓解我国能源瓶颈的影响因素分析. 哈尔滨工业大学学报（社会科学版），7（1）：55-59.

国家发展和改革委员会. 2004-11-25. 节能中长期专项规划. http://news.xinhuanet.com/zhengfu/2004-11/25/content_2260885.htm.

国涓. 2010. 中国能源强度变动的成因及效应研究. 大连：大连理工大学博士学位论文.

何建武，李善同. 2010. 二氧化碳减排与区域经济发展. 管理评论，22（6）：9-16.

贺菊煌，沈可挺，徐嵩龄. 2002. 碳税与二氧化碳减排的 CGE 模型. 数量经济技术经济研究，（10）：39-47.

胡剑锋，颜扬. 2011. 碳税政策效应理论研究评述. 经济理论与经济管理，（2）：41-49.

胡永泰. 1998. 中国全要素生产率：来自农业部门劳动力再配置的首要作用. 经济研究，（3）：31-39.

黄桂田. 2012. 中国制造业生产要素相对比例变化及经济影响. 北京：北京大学出版社.

黄磊，周勇. 2008. 基于超越对数生产函数的能源产出及替代弹性分析. 河海大学学报（自然科学版），36（1）：134-138.

黄勇峰, 任若恩, 刘晓生. 2002. 中国制造业资本存量永续盘存法估计. 经济学（季刊）, 1（2）: 377-396.

金吾伦. 1997. 信息高速公路与文化发展. 中国社会科学,（1）: 4-15.

雷仲敏, 杨涵, 李长胜, 等. 2013. 我国区域节能减排综合评价研究——区域节能减排综合评价指数及其实证分析. 兰州商学院学报, 29（1）: 14-30.

李国璋, 霍宗杰. 2010. 我国全要素能源效率及其收敛性. 中国人口·资源与环境, 20（1）: 11-16.

李国璋, 王双. 2008. 中国能源强度变动的区域因素分解分析——基于 LMDI 分解方法. 财经研究, 34（8）: 52-62.

李宏图. 2009. 英国工业革命时期的环境污染和治理. 探索与争鸣,（2）: 60-64.

李廉水, 周勇. 2006. 技术进步能提高能源效率吗？——基于中国工业部门的实证检验. 管理世界,（10）: 82-89.

李娜, 石敏俊, 袁永娜. 2010. 低碳经济政策对区域发展格局演进的影响——基于动态多区域 CGE 模型的模拟分析. 地理学报, 65（12）: 1569-1580.

李世祥. 2010. 中国工业化进程中的能耗特征及能效提升途径. 中国软科学,（7）: 23-35.

李耀新. 1995. 生产要素密集型产业论. 北京: 中国计划出版社.

李治, 李国平. 2010. 中国城市能源效率差异特征及影响因素分析. 经济理论与经济管理,（7）: 17-23.

林伯强, 魏巍贤, 李丕东. 2007. 中国长期煤炭需求: 影响与政策选择. 经济研究,（2）: 48-58.

林伯强, 姚昕, 刘希颖. 2010. 节能和碳排放约束下的中国能源结构战略调整. 中国社会科学,（1）: 58-71.

林毅夫, 孙希芳. 2003. 经济发展的比较优势战略理论——兼评《对中国外贸战略与贸易政策的评论》. 国际经济评论,（6）: 12-18.

刘畅, 孔宪丽, 高铁梅. 2009. 中国能源消耗强度变动机制与价格非对称效应研究——基于结构 VEC 模型的计量分析. 中国工业经济,（3）: 59-70.

刘凤朝, 刘源远, 潘雄锋. 2007. 中国经济增长和能源消费的动态特征. 资源科学, 29（5）: 63-68.

鲁成军, 周端明. 2008. 中国工业部门的能源替代研究——基于对 Allen 替代弹性模型的修正. 数量经济技术经济研究,（5）: 30-42.

陆旸. 2011. 中国的绿色政策与就业: 存在双重红利吗？经济研究,（7）: 42-54.

罗文东. 2003. 当代资本主义的新变化与世界社会主义的发展前景. 马克思主义研究,（4）: 38-44.

马蓓蓓, 鲁春霞, 张雷. 2009. 中国煤炭资源开发的潜力评价与开发战略. 资源科学, 31（2）: 224-230.

聂运麟. 2002. 近代以来生产力的三次革命与社会主义的发展. 马克思主义研究,（2）: 22-33.

齐绍洲，罗威. 2007. 中国地区经济增长与能源消费强度差异分析. 经济研究，（7）：74-81.

师博，沈坤荣. 2008. 市场分割下的中国全要素能源效率：基于超效率 DEA 方法的经验分析.
　　世界经济，（9）：49-59.

史丹. 2001. 我国能源工业与制造业关联关系的实证分析. 中国工业经济，（6）：45-51.

史丹. 2002. 我国经济增长过程中能源利用效率的改进. 经济研究，（9）：49-56.

史丹. 2006. 中国能源效率的地区差异与节能潜力分析. 中国工业经济，（10）：49-58.

宋枫，王丽丽. 2012. 中国能源强度变动趋势及省际差异分析. 资源科学，34（1）：13-19.

唐玲，杨正林. 2009. 能源效率与工业经济转型——基于中国 1998~2007 年行业数据的实证分
　　析. 数量经济技术经济研究，（10）：34-48.

陶小马，邢建武，黄鑫，等. 2009. 中国工业部门的能源价格扭曲与要素替代研究. 数量经济
　　技术经济研究，（11）：3-16.

滕玉华，刘长进. 2010. 外商直接投资的 R&D 溢出与中国区域能源效率. 中国人口·资源与
　　环境，20（8）：142-147.

王灿，陈吉宁，邹骥. 2005. 基于 CGE 模型的 CO_2 减排对中国经济的影响. 清华大学学报（自
　　然科学版），45（12）：1621-1624.

王金南，严刚，姜克隽，等. 2009. 应对气候变化的中国碳税政策研究. 中国环境科学，29（1）：
　　101-105.

王志林，余冰. 2010. 恩格斯晚年书信中对"第二次工业革命"揭示的经济学意义. 理论月
　　刊，（5）：16-19.

魏楚，杜立民，沈满洪. 2010. 中国能否实现节能减排目标：基于 DEA 方法的评价与模拟. 世
　　界经济，（3）：141-160.

魏楚，沈满洪. 2007. 能源效率及其影响因素：基于 DEA 的实证分析. 管理世界，（8）：66-76.

魏楚，沈满洪. 2009. 能源效率研究发展及趋势：一个综述. 浙江大学学报（人文社会科学版），
　　39（3）：55-63.

魏涛远，格罗姆斯洛德. 2002. 征收碳税对中国经济与温室气体排放的影响. 世界经济与政
　　治，（8）：47-49.

吴茜. 2006. 国际垄断资本主义阶段资本主义的基本矛盾及其发展趋势. 马克思主义研究，
　　（6）：87-93.

吴巧生，成金华. 2003. 论全球气候变化政策. 中国软科学，（9）：14-20.

吴巧生，王华，成金华. 2002. 中国能源战略评价. 中国工业经济，（6）：13-21.

吴绍洪，黄季焜，刘燕华，等. 2014. 气候变化对中国的影响利弊. 中国人口.资源与环境，
　　24（1）：7-13.

夏炎，杨翠红，陈锡康. 2010. 中国能源强度变化原因及投入结构的作用. 北京大学学报（自
　　然科学版），46（3）：442-448.

相震. 2012. 论主要污染物减排中的环境管理. 环境科学与管理，37（4）：1-3.

薛钢. 2010. 我国碳税设计中的政策目标协调问题研究. 中国软科学，（10）：23-27.

杨超，王锋，门明. 2011. 征收碳税对二氧化碳减排及宏观经济的影响分析. 统计研究，28（7）：45-54.

杨福霞，杨冕，聂华林. 2011. 能源与非能源生产要素替代弹性研究——基于超越对数生产函数的实证分析. 资源科学，33（3）：460-467.

杨红梅，周建明. 2003. 对当前全球化背景下国际政治特征的若干认识——对于两次经济全球化高潮的比较. 世界经济与政治，（3）：57-61.

杨冕，陈兴鹏，杨福霞. 2010. 甘肃省能源经济系统分析与优化策略研究. 资源科学，32（2）：359-365.

杨冕，杨福霞，陈兴鹏. 2011. 中国能源效率影响因素研究——基于 VEC 模型的实证检验. 资源科学，33（1）：163-168.

杨中东. 2010. 中国制造业能源效率的影响因素：经济周期和重化工工业化. 统计研究，27（10）：33-39.

姚昕，刘希颖. 2010. 基于增长视角的中国最优碳税研究. 经济研究，（11）：48-58.

于左，孔宪丽. 2010. 政策冲突视角下中国煤电紧张关系形成机理. 中国工业经济，（4）：46-57.

曾贤刚. 2010. 我国能源效率、CO_2 减排潜力及影响因素分析. 中国环境科学，30（10）：1432-1440.

张华明，赵国浩. 2010. 煤炭价格形成机制存在的问题及对策分析. 资源科学，32（11）：2210- 2215.

张军，吴桂英，张吉鹏. 2004. 中国省际物质资本存量估算：1952—2000. 经济研究，（10）：35-44.

张坤民. 2008. 低碳世界中的中国：地位、挑战与战略. 中国人口·资源与环境，18（3）：1-7.

张力小，梁竞. 2010. 区域资源禀赋对资源利用效率影响研究. 自然资源学报，25（8）：1237- 1247.

赵永，王劲峰. 2008. 经济分析 CGE 模型与应用. 北京：中国经济出版社.

郑照宁，刘德顺. 2004. 考虑资本-能源-劳动力投入的中国超越对数生产函数. 系统工程理论与实践，（5）：51-54.

中华人民共和国环境保护部. 2014-6-5. 2013 年中国环境状况公报（大气环境）. http://jcs.mep.gov.cn/hjzl/zkgb/2013zkgb/201406/t20140605_276521.htm.

周晟吕，石敏俊，李娜，等. 2011. 碳税政策的减排效果与经济影响. 气候变化研究进展，7（3）：210-216.

周学双，童莉，赵秋月，等. 2010. 中国高碳资源低碳化利用的环保思索. 中国人口·资源与环境，20（5）：12-16.

朱永彬，刘晓，王铮. 2010. 碳税政策的减排效果及其对我国经济的影响分析. 中国软科学，（4）：1-8.

Agostini P, Botteon M, Carraro C. 1992. A carbon tax to reduce CO_2 emissions in Europe. Energy Economics, 14 (4): 279-290.

Allen R G D. 1938. Mathematical analysis for economists. London: London School of Economics.

Allen R G D, Hicks J R. 1934. A reconsideration of the theory of value, Part II. Economica, 1: 196-219.

Andrews-Speed P. 2009. China's ongoing energy efficiency drive: origins, progress and prospects. Energy Policy, 37: 1331-1344.

Arnberg S, Bjorner T B. 2007. Substitution between energy, capital and labour within industrial companies: a micro panel data analysis. Resource and Energy Economics, 29: 122-136.

Berndt E R, Wood D O. 1975. Technology, prices, and the derived demand for energy. Review of Economics and Statistics, 57 (3): 259-268.

Bertoletti P. 2005. Elasticities of substitution and complementarity: a synthesis. Journal of Productivity Analysis, 24: 183-196.

Bian Y, Yang F. 2010. Resource and environment efficiency analysis of provinces in China: a DEA approach based on Shannon's entropy. Energy Policy, 38: 1909-1917.

Birol F, Keppler J H. 2000. Prices, technology development and the rebound effect. Energy Policy, 28: 457-469.

Blackorby C, Primont D, Russell R R. 2007. The Morishima gross elasticity of substitution. Journal of Productivity Analysis, 28: 203-208.

Blackorby C, Russell R R. 1975.The partial elasticity of substitution. University of California: Department of Economics.

Blackorby C, Russell R R. 1981. The Morishima elasticity of substitution: symmetry, constancy, separability, and its relationship to the Hicks and Allen elasticities. Review of Economic Studies, 48 (1): 147-158.

Blackorby C, Russell R R. 1989. Will the real elasticity of substitution please stand up? (A comparison of the Allen/Uzawa and Morishima elasticities). American Economic Review, 79 (4): 882-888.

Caloghirou Y D, Mourelatos A G, Thompson H. 1997. Industrial energy substitution during the 1980s in the Greek economy. Energy Economics, 19: 476-491.

Chai J, Guo J U, Wang S Y, et al. 2009. Why does energy intensity fluctuate in China? Energy Policy, 37: 5717-5731.

Chang T P, Hu J L. 2010. Total-factor energy productivity growth, technical progress, and efficiency change: an empirical study of China. Applied Energy, 87: 3262-3270.

Cho W G, Nam K, Pagan J A. 2004. Economic growth and interfactor/interfuel substitution in Korea. Energy Economics, 26: 31-50.

Christopoulos D K，Tsionas E G. 2002. Allocative inefficiency and the capital-energy controversy. Energy Economics，24：305-318.

Chung Y H，Färe R，Grosskopf S. 1997. Productivity and undesirable outputs：a directional distance function approach. Journal of Environmental Management，51：229-240.

Dixon R K，McGowan E，Onysko G，et al. 2010. US energy conservation and efficiency policies：challenges and opportunities. Energy Policy，38：6398-6408.

Downs E S. 2004. The Chinese energy security debate. The China Quarterly，177：21-41.

Fan Y，Liang Q M，Wei Y M，et al. 2007b. A model for China's energy requirements and CO_2 emissions analysis. Environmental Modelling & Software，22（3）：378-393.

Fan Y，Liao H，Wei Y. 2007a. Can market oriented economic reforms contribute to energy efficiency improvement? Evidence from China. Energy Policy，35（4）：2287-2295.

Fan Y，Xia Y. 2012. Exploring energy consumption and demand in China. Energy，40（1）：823-830.

Färe R，Grosskopf S，Noh D W，et al. 2005. Characteristics of a polluting technology：theory and practice. Journal of Econometrics，126：469-492.

Färe R，Grosskopf S，Pasurka Jr C A. 2007. Pollution abatement activities and traditional productivity. Ecological Economics，62：673–682.

Färe R，Primont D. 1995. Multi-outPut Production and Duality：Theory and Applications. Boston：Kluwer Academic Publishers.

Feng T，Sun L，Zhang Y. 2009. The relationship between energy consumption structures，economic structure and energy intensity in China. Energy Policy，37：5475-5483.

Field B C，Grebenstein C. 1980. Capital-energy substitution in U.S. manufacturing. Review of Economics and Statistics，62（2）：207-212.

Fisher-Vanden K，Jefferson G H，Liu H，et al. 2004. What is driving China's decline in energy intensity? Resource and Energy Economics，26：77-97.

Fisher-Vanden K，Jefferson G H，Ma J，et al. 2006. Technology development and energy productivity in China. Energy Economics，28：690-705.

Floros N，Vlachou A. 2005. Energy demand and energy-related CO_2 emissions in Greek manufacturing：assessing the impact of a carbon tax. Energy Economics，27：387-413.

Frondel M. 2011. Modelling energy and non-energy substitution：a brief survey of elasticities. Energy Policy，39（8）：4601-4604.

Fuss M A. 1977. The demand for energy in Canadian manufacturing：an example of the estimation of production structures with many inputs. Journal of Econometrics，5：89-116.

Garbaccio R F，Ho M S，Jorgenson D W. 1999. Why has the energy output ratio fallen in China? Energy Journal，20：63-91.

Griffin J M，Gregory P R. 1976. An intercountry translog model of energy substitution responses. American Economic Review，66（5）：845-857.

Guo J，Chai J，Xi Y. 2008. Analysis of influences between the energy structure change and energy intensity in China. China Population，Resources and Environment，18（4）：38-43.

Han Z Y，Fan Y，Jiao J L，et al. 2007. Energy structure，marginal efficiency and substitution rate：an empirical study of China. Energy，32：935-942.

Hang L，Tu M. 2007. The impacts of energy prices on energy intensity：evidence from China. Energy Policy，35：2978-2988.

Hicks J R. 1932. The Theory of Wages. London：Macmillan.

Hicks J R. 1970. Elasticity of substitution again：substitutes and complements. Oxford Economic Papers，New Series，22（3）：289-296.

Hisnanick J J，Kyer B L. 1995. Assessing a disaggregated energy input: using confidence intervals around translog elasticity estimates. Energy Economics，17（2）：125-132.

Howarth R B，Andersson B. 1993. Market barriers to energy efficiency. Energy Economics，15（4）：262-272.

Hu J L，Wang S C. 2006. Total-factor energy efficiency of regions in China. Energy Policy，34：3206-3217.

Johnson T M. 1992. China's power industry，1980–1990：price reform and its effect on energy efficiency. Energy，17（11）：1085-1092.

Kemfert C. 1998. Estimated substitution elasticities of a nested CES production function approach for Germany. Energy Economics，20：249-264.

Kemfert C，Welsch H. 2000. Energy-capital-labor substitution and the economic effects of CO_2 abatement：evidence for Germany. Journal of Policy Modeling，22（6）：641-660.

Kwan C L. 2010. The Inner Mongolia Autonomous Region：a major role in China's renewable energy future. Utilities Policy，18：46-52.

Lerner A P. 1933. Notes on the elasticity of substitution II：the diagrammatical representation. Review of Economic Studies，1：68-71.

Li H，Bao W，Xiu C，et al. 2010. Energy conservation and circular economy in China's process industries. Energy，35：4273-4281.

Liang Q M，Fan Y，Wei Y M. 2007. Multi-regional input-output model for regional energy requirements and CO_2 emissions in China. Energy Policy，35（3）：1685-1700.

Liao H，Fan Y，Wei Y M. 2007. What induced China's energy intensity to fluctuate：1997–2006? Energy Policy，35：4640-4649.

Liu L，Liu C，Sun Z. 2011. A survey of China's low-carbon application practice—Opportunity goes with challenge. Renewable and Sustainable Energy Reviews，15：2895-2903.

Liu Z, Guan D, Crawford-Brown D, et al. 2013. Energy policy: a low-carbon road map for China. Nature, 500: 143-145.

Lu C, Tong Q, Liu X. 2010. The impacts of carbon tax and complementary policies on Chinese economy. Energy Policy, 38, 7278-7285.

Ma C, Stern D I. 2008. China's changing energy intensity trend: a decomposition analysis. Energy Economics, 30: 1037-1053.

Ma H, Oxley L, Gibson J. 2009. Substitution possibilities and determinants of energy intensity for China. Energy Policy, 37 (5): 1793-1804.

Ma H, Oxley L, Gibson J, et al. 2008. China's energy economy: technical change, factor demand and interfactor/interfuel substitution. Energy Economics, 30 (5): 2167-2183.

McFadden D. 1963. Constant elasticity of substitution production functions. Review of Economic Studies, 31: 73-83.

Medina J, Vega-Cervera J A. 2001. Energy and the non-energy inputs substitution: evidence for Italy, Portugal and Spain. Applied Energy, 68: 203-214.

Mundlak Y. 1968. Elasticities of substitution and the theory of derived demand. Review of Economic Studies, 1 (2): 225-236.

Oikonomou V, Becchis F, Steg L, et al. 2009. Energy saving and energy efficiency concepts for policy making. Energy Policy, 37: 4787-4796.

Oikonomou V, Jepma C, Becchis F, et al. 2008. White certificates for energy efficiency improvement with energy taxes: a theoretical economic model. Energy Economics, 30 (6): 3044-3062.

Özatalay S, Grubaugh S, Long II T V. 1979. Energy substitution and national energy policy. American Economic Review, 69 (2): 369-371.

Patterson M G. 1996. What is energy efficiency? Concepts, indicators and methodological issues. Energy Policy, 24 (5): 377-390.

Pindyck R S. 1979. Interfuel substitution and the industrial demand for energy: an international comparison. Review of Economics and Statistics, 61 (2): 169-179.

Pindyck R S, Rotemberg J J. 1983. Dynamic factor demands and the effects of energy price shocks. American Economic Review, 73 (5): 1066-1079.

Prywes M. 1986. A nested CES approach to capital-energy substitution. Energy Economics, 8 (1): 22-28.

Romer D. 2001. Advanced Macroeconomics. Shanghai: Shanghai University of Finance and Economics Press.

Samuelson P A. 1947. Foundations of Economic Analysis. Cambridge: Harvard University Press.

Sancho F. 2010. Double dividend effectiveness of energy tax policies and the elasticity of substitution: a CGE appraisal. Energy Policy, 38: 2927-2933.

Sato R, Koizumi T. 1973. On the elasticities of substitution and complementarity. Oxford Economic Papers, 25: 44-56.

Shephard R. 1953. Cost and Production Functions. Princeton: Princeton University Press.

Shi D. 2007. Regional differences in China's energy efficiency and conservation potentials. China & World Economy, 15 (1): 96-115.

Shi G M, Bi J, Wang J N. 2010. Chinese regional industrial energy efficiency evaluation based on a DEA model of fixing non-energy inputs. Energy Policy, 38: 6172-6179.

Sinton J E, Levine M D. 1994. Changing energy intensity in Chinese industry, the relative importance of structural shift and intensity change. Energy Policy, 3: 239-255.

Smyth R, Narayan P K, Shi H. 2011. Substitution between energy and classical factor inputs in the Chinese steel sector. Applied Energy, 88: 361-367.

Stern D I.2011. Elasticities of substitution and complementarity. Journal of Productivity Analysis, 36: 79-89.

Thompson H. 2006. The applied theory of energy substitution in production. Energy Economics, 28: 410-425.

Uzawa H. 1962. Production functions with constant elasticities of substitution. Review of Economic Studies, 29 (4): 291-299.

Wang Q. 2008. China's energy policy comes at a price. Science, 321: 1156-1157.

Wang Q. 2010. Effective policies for renewable energy—the example of China's wind power—lessons for China's photovoltaic power. Renewable and Sustainable Energy Reviews, 14: 702-712.

Wang Y, Wang Y, Zhou J, et al. 2011. Energy consumption and economic growth in China: a multivariate causality test. Energy Policy, 39 (7): 4399-4406.

Wei Y M, Liang Q M, Fan Y, et al. 2006. A scenario analysis of energy requirements and energy intensity for China's rapidly developing society in the year 2020. Technological Forecasting & Social Change, 73: 405-421.

Welsch H, Ochsen C. 2005. The determinants of aggregate energy use in West Germany: factor substitution, technological change, and trade. Energy Economics, 27 (1): 93-111.

World Energy Council. 2004. Energy efficiency: a worldwide review—indicators, policies, evaluation. London: World Energy Council.

Wu Y. 2012. Energy intensity and its determinants in China's regional economies. Energy Policy, 41: 703-711.

Yeh T，Chen T，Lai P. 2010. A comparative study of energy utilization efficiency between Taiwan and China. Energy Policy，38：2386-2394.

Yuan J，Kang J，Yu C，Hu Z. 2011. Energy conservation and emissions reduction in China—Progress and prospective. Renewable and Sustainable Energy Reviews，15：4334-4347.

Zellner A. 1962. An efficient method of estimating seemingly unrelated regressions and tests for aggregation bias. Journal of the American Statistical Association，57（298）：348-368.

Zeng N，Ding Y，Pan J，et al. 2008. Climate change--the Chinese challenge. Science，319：730-731.

Zhang B，Bi J，Fan Z，et al. 2008. Eco-efficiency analysis of industrial system in China：a data envelopment analysis approach. Ecological Economics，68：306-316.

Zhang J. 2008. Estimation of China's provincial capital stock（1952-2004）with applications. Journal of Chinese Economic and Business Studies，6（2）：177-196.

Zhang N，Lior N，Jin H. 2011. The energy situation and its sustainable development strategy in China. Energy，36：3639-3649.

Zhang X，Han J，Zhao H，et al. 2012. Evaluating the interplays among economic growth and energy consumption and CO_2 emission of China during 1990–2007. Renewable and Sustainable Energy Reviews，16（1）：65-72.

Zhang Z. 2003. Why did the energy intensity fall in China's industrial sector in the 1990s? The relative importance of structural change and intensity change. Energy Economics，25：625-638.

Zhao X，Ma C，Hong D. 2010. Why did China's energy intensity increase during 1998–2006：decomposition and policy analysis. Energy Policy，38：1379-1388.

Zhou N，Levine M D，Price L. 2010. Overview of current energy-efficiency policies in China. Energy Policy，38：6439-6452.

Zhou P，Ang B W. 2008. Linear programming models for measuring economy-wide energy efficiency performance. Energy Policy，36：2911-2916.

Zhou S，Shi M，Li N，et al. 2011. Impacts of carbon tax policy on CO_2 mitigation and economic growth in China. Advances in Climate Change Research，2（3）：124-133.

附　　录

附录 A　国务院关于印发节能减排综合性工作方案的通知

国发【2007】15 号

各省、自治区、直辖市人民政府，国务院各部委、各直属机构：

国务院同意发展改革委会同有关部门制定的《节能减排综合性工作方案》（以下简称《方案》），现印发给你们，请结合本地区、本部门实际，认真贯彻执行。

一、充分认识节能减排工作的重要性和紧迫性

《中华人民共和国国民经济和社会发展第十一个五年规划纲要》提出了"十一五"期间单位国内生产总值能耗降低 20%左右，主要污染物排放总量减少 10%的约束性指标。这是贯彻落实科学发展观、构建社会主义和谐社会的重大举措；是建设资源节约型、环境友好型社会的必然选择；是推进经济结构调整、转变增长方式的必由之路；是提高人民生活质量、维护中华民族长远利益的必然要求。

当前，实现节能减排目标面临的形势十分严峻。去年以来，全国上下加强了节能减排工作，国务院发布了加强节能工作的决定，制定了促进节能减排的一系列政策措施，各地区、各部门相继做出了工作部署，节能减排工作取得了积极进展。但是，去年全国没有实现年初确定的节能降耗和污染减排的目标，加大了"十一五"后四年节能减排工作的难度。更为严峻的是，今年一季度，工业特别是高耗能、高污染行业增长过快，占全国工业能耗和二氧化硫排放近 70%的电力、钢铁、有色、建材、石油加工、化工等六大行业增长 20.6%，同比加快 6.6 个百分点。与此同时，各方面工作仍存在认识不到位、责任不明确、措施不配套、政策不完善、投入不落实、协调不得力等问题。这种状况如不及时扭转，不仅今年节能减排工作难以取得明显进展，"十一五"节能减排的总体目标也将难以实现。

我国经济快速增长，各项建设取得巨大成就，但也付出了巨大的资源和

环境代价，经济发展与资源环境的矛盾日趋尖锐，群众对环境污染问题反应强烈。这种状况与经济结构不合理、增长方式粗放直接相关。不加快调整经济结构、转变增长方式，资源支撑不住，环境容纳不下，社会承受不起，经济发展难以为继。只有坚持节约发展、清洁发展、安全发展，才能实现经济又好又快发展。同时，温室气体排放引起全球气候变暖，备受国际社会广泛关注。进一步加强节能减排工作，也是应对全球气候变化的迫切需要，是我们应该承担的责任。

各地区、各部门要充分认识节能减排的重要性和紧迫性，真正把思想和行动统一到中央关于节能减排的决策和部署上来。要把节能减排任务完成情况作为检验科学发展观是否落实的重要标准，作为检验经济发展是否"好"的重要标准，正确处理经济增长速度与节能减排的关系，真正把节能减排作为硬任务，使经济增长建立在节约能源资源和保护环境的基础上。要采取果断措施，集中力量，迎难而上，扎扎实实地开展工作，力争通过今明两年的努力，实现节能减排任务完成进度与"十一五"规划实施进度保持同步，为实现"十一五"节能减排目标打下坚实基础。

二、狠抓节能减排责任落实和执法监管

发挥政府主导作用。各级人民政府要充分认识到节能减排约束性指标是强化政府责任的指标，实现这个目标是政府对人民的庄严承诺，必须通过合理配置公共资源，有效运用经济、法律和行政手段，确保实现。当务之急，是要建立健全节能减排工作责任制和问责制，一级抓一级，层层抓落实，形成强有力的工作格局。地方各级人民政府对本行政区域节能减排负总责，政府主要领导是第一责任人。要在科学测算的基础上，把节能减排各项工作目标和任务逐级分解到各市（地）、县和重点企业。要强化政策措施的执行力，加强对节能减排工作进展情况的考核和监督，国务院有关部门定期公布各地节能减排指标完成情况，进行统一考核。要把节能减排作为当前宏观调控重点，作为调整经济结构、转变增长方式的突破口和重要抓手，坚决遏制高耗能、高污染产业过快增长，坚决压缩城市形象工程和党政机关办公楼等楼堂馆所建设规模，切实保证节能减排、保障民生等工作所需资金投入。要把节能减排指标完成情况纳入各地经济社会发展综合评价体系，作为政府领导干部综合考核评价和企业负责人业绩考核的重要内容，实行"一票否决"制。要加大执法和处罚力度，公开严肃查处一批严重违反国家节能管理和环境保护法律法规的典型案件，依法追究有关人员和领导者的责任，起到警醒教育作用，形成强大声势。省级人民政府每年要向国务院报告节能减排目标责任的履行情况。国务院每年向全国人民代

表大会报告节能减排的进展情况，在"十一五"期末报告五年两个指标的总体完成情况。地方各级人民政府每年也要向同级人民代表大会报告节能减排工作，自觉接受监督。

强化企业主体责任。企业必须严格遵守节能和环保法律法规及标准，落实目标责任，强化管理措施，自觉节能减排。对重点用能单位加强经常监督，凡与政府有关部门签订节能减排目标责任书的企业，必须确保完成目标；对没有完成节能减排任务的企业，强制实行能源审计和清洁生产审核。坚持"谁污染、谁治理"，对未按规定建设和运行污染减排设施的企业和单位，公开通报，限期整改，对恶意排污的行为实行重罚，追究领导和直接责任人员的责任，构成犯罪的依法移送司法机关。同时，要加强机关单位、公民等各类社会主体的责任，促使公民自觉履行节能和环保义务，形成以政府为主导、企业为主体、全社会共同推进的节能减排工作格局。

三、建立强有力的节能减排领导协调机制

为加强对节能减排工作的组织领导，国务院成立节能减排工作领导小组。领导小组的主要任务是，部署节能减排工作，协调解决工作中的重大问题。领导小组办公室设在发展改革委，负责承担领导小组的日常工作，其中有关污染减排方面的工作由环保总局负责。地方各级人民政府也要切实加强对本地区节能减排工作的组织领导。

国务院有关部门要切实履行职责，密切协调配合，尽快制定相关配套政策措施和落实意见。各省级人民政府要立即部署本地区推进节能减排的工作，明确相关部门的责任、分工和进度要求。各地区、各部门和中央企业要在2007年6月30日前，提出本地区、本部门和本企业贯彻落实的具体方案报领导小组办公室汇总后报国务院。领导小组办公室要会同有关部门加强对节能减排工作的指导协调和监督检查，重大情况及时向国务院报告。

"十一五"节能减排综合性工作方案

一、进一步明确实现节能减排的目标任务和总体要求

（一）主要目标。到2010年，万元国内生产总值能耗由2005年的1.22吨标准煤下降到1吨标准煤以下，降低20%左右；单位工业增加值用水量降低30%。"十一五"期间，主要污染物排放总量减少10%，到2010年，二氧化硫排放量由2005年的2549万吨减少到2295万吨，化学需氧量（COD）由1414万吨减

少到 1273 万吨；全国设市城市污水处理率不低于 70%，工业固体废物综合利用率达到 60%以上。

（二）总体要求。以邓小平理论和"三个代表"重要思想为指导，全面贯彻落实科学发展观，加快建设资源节约型、环境友好型社会，把节能减排作为调整经济结构、转变增长方式的突破口和重要抓手，作为宏观调控的重要目标，综合运用经济、法律和必要的行政手段，控制增量、调整存量，依靠科技、加大投入，健全法制、完善政策，落实责任、强化监管，加强宣传、提高意识，突出重点、强力推进，动员全社会力量，扎实做好节能降耗和污染减排工作，确保实现节能减排约束性指标，推动经济社会又好又快发展。

二、控制增量，调整和优化结构

（三）控制高耗能、高污染行业过快增长。严格控制新建高耗能、高污染项目。严把土地、信贷两个闸门，提高节能环保市场准入门槛。抓紧建立新开工项目管理的部门联动机制和项目审批问责制，严格执行项目开工建设"六项必要条件"（必须符合产业政策和市场准入标准、项目审批核准或备案程序、用地预审、环境影响评价审批、节能评估审查以及信贷、安全和城市规划等规定和要求）。实行新开工项目报告和公开制度。建立高耗能、高污染行业新上项目与地方节能减排指标完成进度挂钩、与淘汰落后产能相结合的机制。落实限制高耗能、高污染产品出口的各项政策。继续运用调整出口退税、加征出口关税、削减出口配额、将部分产品列入加工贸易禁止类目录等措施，控制高耗能、高污染产品出口。加大差别电价实施力度，提高高耗能、高污染产品差别电价标准。组织对高耗能、高污染行业节能减排工作专项检查，清理和纠正各地在电价、地价、税费等方面对高耗能、高污染行业的优惠政策。

（四）加快淘汰落后生产能力。加大淘汰电力、钢铁、建材、电解铝、铁合金、电石、焦炭、煤炭、平板玻璃等行业落后产能的力度。"十一五"期间实现节能 1.18 亿吨标准煤，减排二氧化硫 240 万吨；今年实现节能 3150 万吨标准煤，减排二氧化硫 40 万吨。加大造纸、酒精、味精、柠檬酸等行业落后生产能力淘汰力度，"十一五"期间实现减排化学需氧量（COD）138 万吨，今年实现减排 COD 62 万吨（详见附表）。制订淘汰落后产能分地区、分年度的具体工作方案，并认真组织实施。对不按期淘汰的企业，地方各级人民政府要依法予以关停，有关部门依法吊销生产许可证和排污许可证并予以公布，电力供应企业依法停止供电。对没有完成淘汰落后产能任务的地区，严格控制国家安排投资的项目，实行项目"区域限批"。国务院有关部门每年向社会公告淘汰落后产能的企业名单和各地执行情况。建立落后产能退出机制，有条件的地方要安排资金支持淘汰落后产能，中央财政通过增加转移支付，对经济欠发达地区给予适当补助和奖励。

（五）完善促进产业结构调整的政策措施。进一步落实促进产业结构调整暂行规定。修订《产业结构调整指导目录》，鼓励发展低能耗、低污染的先进生产能力。根据不同行业情况，适当提高建设项目在土地、环保、节能、技术、安全等方面的准入标准。尽快修订颁布《外商投资产业指导目录》，鼓励外商投资节能环保领域，严格限制高耗能、高污染外资项目，促进外商投资产业结构升级。调整《加工贸易禁止类商品目录》，提高加工贸易准入门槛，促进加工贸易转型升级。

（六）积极推进能源结构调整。大力发展可再生能源，抓紧制订出台可再生能源中长期规划，推进风能、太阳能、地热能、水电、沼气、生物质能利用以及可再生能源与建筑一体化的科研、开发和建设，加强资源调查评价。稳步发展替代能源，制订发展替代能源中长期规划，组织实施生物燃料乙醇及车用乙醇汽油发展专项规划，启动非粮生物燃料乙醇试点项目。实施生物化工、生物质能固体成型燃料等一批具有突破性带动作用的示范项目。抓紧开展生物柴油基础性研究和前期准备工作。推进煤炭直接和间接液化、煤基醇醚和烯烃代油大型台套示范工程和技术储备。大力推进煤炭洗选加工等清洁高效利用。

（七）促进服务业和高技术产业加快发展。落实《国务院关于加快发展服务业的若干意见》，抓紧制定实施配套政策措施，分解落实任务，完善组织协调机制。着力做强高技术产业，落实高技术产业发展"十一五"规划，完善促进高技术产业发展的政策措施。提高服务业和高技术产业在国民经济中的比重和水平。

三、加大投入，全面实施重点工程

（八）加快实施十大重点节能工程。着力抓好十大重点节能工程，"十一五"期间形成 2.4 亿吨标准煤的节能能力。今年形成 5000 万吨标准煤节能能力，重点是：实施钢铁、有色、石油石化、化工、建材等重点耗能行业余热余压利用、节约和替代石油、电机系统节能、能量系统优化，以及工业锅炉（窑炉）改造项目共 745 个；加快核准建设和改造采暖供热为主的热电联产和工业热电联产机组 1630 万千瓦；组织实施低能耗、绿色建筑示范项目 30 个，推动北方采暖区既有居住建筑供热计量及节能改造 1.5 亿平方米，开展大型公共建筑节能运行管理与改造示范，启动 200 个可再生能源在建筑中规模化应用示范推广项目；推广高效照明产品 5000 万支，中央国家机关率先更换节能灯。

（九）加快水污染治理工程建设。"十一五"期间新增城市污水日处理能力 4500 万吨、再生水日利用能力 680 万吨，形成 COD 削减能力 300 万吨；今年设市城市新增污水日处理能力 1200 万吨，再生水日利用能力 100 万吨，形成 COD 削减能力 60 万吨。加大工业废水治理力度，"十一五"形成 COD 削减能力 140 万吨。加快城市污水处理配套管网建设和改造。严格饮用水水源保护，加大污染防治力度。

（十）推动燃煤电厂二氧化硫治理。"十一五"期间投运脱硫机组 3.55 亿千瓦。其中，新建燃煤电厂同步投运脱硫机组 1.88 亿千瓦；现有燃煤电厂投运脱硫机组 1.67 亿千瓦，形成削减二氧化硫能力 590 万吨。今年现有燃煤电厂投运脱硫设施 3500 万千瓦，形成削减二氧化硫能力 123 万吨。

（十一）多渠道筹措节能减排资金。十大重点节能工程所需资金主要靠企业自筹、金融机构贷款和社会资金投入，各级人民政府安排必要的引导资金予以支持。城市污水处理设施和配套管网建设的责任主体是地方政府，在实行城市污水处理费最低收费标准的前提下，国家对重点建设项目给予必要的支持。按照"谁污染、谁治理，谁投资、谁受益"的原则，促使企业承担污染治理责任，各级人民政府对重点流域内的工业废水治理项目给予必要的支持。

四、创新模式，加快发展循环经济

（十二）深化循环经济试点。认真总结循环经济第一批试点经验，启动第二批试点，支持一批重点项目建设。深入推进浙江、青岛等地废旧家电回收处理试点。继续推进汽车零部件和机械设备再制造试点。推动重点矿山和矿业城市资源节约和循环利用。组织编制钢铁、有色、煤炭、电力、化工、建材、制糖等重点行业循环经济推进计划。加快制订循环经济评价指标体系。

（十三）实施水资源节约利用。加快实施重点行业节水改造及矿井水利用重点项目。"十一五"期间实现重点行业节水 31 亿立方米，新增海水淡化能力 90 万立方米/日，新增矿井水利用量 26 亿立方米；今年实现重点行业节水 10 亿立方米，新增海水淡化能力 7 万立方米/日，新增矿井水利用量 5 亿立方米。在城市强制推广使用节水器具。

（十四）推进资源综合利用。落实《"十一五"资源综合利用指导意见》，推进共伴生矿产资源综合开发利用和煤层气、煤矸石、大宗工业废弃物、秸秆等农业废弃物综合利用。"十一五"期间建设煤矸石综合利用电厂 2000 万千瓦，今年开工建设 500 万千瓦。推进再生资源回收体系建设试点。加强资源综合利用认定。推动新型墙体材料和利废建材产业化示范。修订发布新型墙体材料目录和专项基金管理办法。推进第二批城市禁止使用实心粘土砖，确保 2008 年底前 256 个城市完成"禁实"目标。

（十五）促进垃圾资源化利用。县级以上城市（含县城）要建立健全垃圾收集系统，全面推进城市生活垃圾分类体系建设，充分回收垃圾中的废旧资源，鼓励垃圾焚烧发电和供热、填埋气体发电，积极推进城乡垃圾无害化处理，实现垃圾减量化、资源化和无害化。

（十六）全面推进清洁生产。组织编制《工业清洁生产审核指南编制通则》，制订和发布重点行业清洁生产标准和评价指标体系。加大实施清洁生产审核力度。合理使用农药、肥料，减少农村面源污染。

五、依靠科技，加快技术开发和推广

（十七）加快节能减排技术研发。在国家重点基础研究发展计划、国家科技支撑计划和国家高技术发展计划等科技专项计划中，安排一批节能减排重大技术项目，攻克一批节能减排关键和共性技术。加快节能减排技术支撑平台建设，组建一批国家工程实验室和国家重点实验室。优化节能减排技术创新与转化的政策环境，加强资源环境高技术领域创新团队和研发基地建设，推动建立以企业为主体、产学研相结合的节能减排技术创新与成果转化体系。

（十八）加快节能减排技术产业化示范和推广。实施一批节能减排重点行业共性、关键技术及重大技术装备产业化示范项目和循环经济高技术产业化重大专项。落实节能、节水技术政策大纲，在钢铁、有色、煤炭、电力、石油石化、化工、建材、纺织、造纸、建筑等重点行业，推广一批潜力大、应用面广的重大节能减排技术。加强节电、节油农业机械和农产品加工设备及农业节水、节肥、节药技术推广。鼓励企业加大节能减排技术改造和技术创新投入，增强自主创新能力。

（十九）加快建立节能技术服务体系。制订出台《关于加快发展节能服务产业的指导意见》，促进节能服务产业发展。培育节能服务市场，加快推行合同能源管理，重点支持专业化节能服务公司为企业以及党政机关办公楼、公共设施和学校实施节能改造提供诊断、设计、融资、改造、运行管理一条龙服务。

（二十）推进环保产业健康发展。制订出台《加快环保产业发展的意见》，积极推进环境服务产业发展，研究提出推进污染治理市场化的政策措施，鼓励排污单位委托专业化公司承担污染治理或设施运营。

（二十一）加强国际交流合作。广泛开展节能减排国际科技合作，与有关国际组织和国家建立节能环保合作机制，积极引进国外先进节能环保技术和管理经验，不断拓宽节能环保国际合作的领域和范围。

六、强化责任，加强节能减排管理

（二十二）建立政府节能减排工作问责制。将节能减排指标完成情况纳入各地经济社会发展综合评价体系，作为政府领导干部综合考核评价和企业负责人业绩考核的重要内容，实行问责制和"一票否决"制。有关部门要抓紧制订具体的评价考核实施办法。

（二十三）建立和完善节能减排指标体系、监测体系和考核体系。对全部耗能单位和污染源进行调查摸底。建立健全涵盖全社会的能源生产、流通、消费、区域间流入流出及利用效率的统计指标体系和调查体系，实施全国和地区单位GDP能耗指标季度核算制度。建立并完善年耗能万吨标准煤以上企业能耗统计数据网上直报系统。加强能源统计巡查，对能源统计数据进行监测。制订并实施主要污染物排放统计和监测办法，改进统计方法，完善统计和监测制度。建立并完善污染物排放数据网上直报系统和减排措施调度制度，对国家监控重点污染源实施联网在线自动监控，构建污染物排放三级立体监测体系，向社会公告重点监控企业年度污染物排放数据。继续做好单位 GDP 能耗、主要污染物排放量和工业增加值用水量指标公报工作。

（二十四）建立健全项目节能评估审查和环境影响评价制度。加快建立项目节能评估和审查制度，组织编制《固定资产投资项目节能评估和审查指南》，加强对地方开展"能评"，工作的指导和监督。把总量指标作为环评审批的前置性条件。上收部分高耗能、高污染行业环评审批权限。对超过总量指标、重点项目未达到目标责任要求的地区，暂停环评审批新增污染物排放的建设项目。强化环评审批向上级备案制度和向社会公布制度。加强"三同时"管理，严把项目验收关。对建设项目未经验收擅自投运、久拖不验、超期试生产等违法行为，严格依法进行处罚。

（二十五）强化重点企业节能减排管理。"十一五"期间全国千家重点耗能企业实现节能 1 亿吨标准煤，今年实现节能 2000 万吨标准煤。加强对重点企业节能减排工作的检查和指导，进一步落实目标责任，完善节能减排计量和统计，组织开展节能减排设备检测，编制节能减排规划。重点耗能企业建立能源管理师制度。实行重点耗能企业能源审计和能源利用状况报告及公告制度，对未完成节能目标责任任务的企业，强制实行能源审计。今年要启动重点企业与国际国内同行业能耗先进水平对标活动，推动企业加大结构调整和技术改造力度，提高节能管理水平。中央企业全面推进创建资源节约型企业活动，推广典型经验和做法。

（二十六）加强节能环保发电调度和电力需求侧管理。制定并尽快实施有利于节能减排的发电调度办法，优先安排清洁、高效机组和资源综合利用发电，限制能耗高、污染重的低效机组发电。今年上半年启动试点，取得成效后向全国推广，力争节能 2000 万吨标准煤，"十一五"期间形成 6000 万吨标准煤的节能能力。研究推行发电权交易，逐年削减小火电机组发电上网小时数，实行按边际成本上网竞价。抓紧制定电力需求侧管理办法，规范有序用电，开展能效电厂试点，研究制定配套政策，建立长效机制。

（二十七）严格建筑节能管理。大力推广节能省地环保型建筑。强化新建建筑执行能耗限额标准全过程监督管理，实施建筑能效专项测评，对达不到标准的建筑，不得办理开工和竣工验收备案手续，不准销售使用；从 2008 年起，所有新建商品房销售时在买卖合同等文件中要载明耗能量、节能措施等信息。建立并完善大型公共建筑节能运行监管体系。深化供热体制改革，实行供热计量收费。今年着力抓好新建建筑施工阶段执行能耗限额标准的监管工作，北方地区地级以上城市完成采暖费补贴"暗补"变"明补"改革，在 25 个示范省市建立大型公共建筑能耗统计、能源审计、能效公示、能耗定额制度，实现节能 1250 万吨标准煤。

（二十八）强化交通运输节能减排管理。优先发展城市公共交通，加快城市快速公交和轨道交通建设。控制高耗油、高污染机动车发展，严格执行乘用车、轻型商用车燃料消耗量限值标准，建立汽车产品燃料消耗量申报和公示制度；严格实施国家第三阶段机动车污染物排放标准和船舶污染物排放标准，有条件的地方要适当提高排放标准，继续实行财政补贴政策，加快老旧汽车报废更新。公布实施新能源汽车生产准入管理规则，推进替代能源汽车产业化。运用先进科技手段提高运输组织管理水平，促进各种运输方式的协调和有效衔接。

（二十九）加大实施能效标识和节能节水产品认证管理力度。加快实施强制性能效标识制度，扩大能效标识应用范围，今年发布《实行能效标识产品目录（第三批）》。加强对能效标识的监督管理，强化社会监督、举报和投诉处理机制，开展专项市场监督检查和抽查，严厉查处违法违规行为。推动节能、节水和环境标志产品认证，规范认证行为，扩展认证范围，在家用电器、照明等产品领域建立有效的国际协调互认制度。

（三十）加强节能环保管理能力建设。建立健全节能监管监察体制，整合现有资源，加快建立地方各级节能监察中心，抓紧组建国家节能中心。建立健全国家监察、地方监管、单位负责的污染减排监管体制。积极研究完善环保管理体制机制问题。加快各级环境监测和监察机构标准化、信息化体系建设。扩大国家重点监控污染企业实行环境监督员制度试点。加强节能监察、节能技术服务中心及环境监测站、环保监察机构、城市排水监测站的条件建设，适时更新监测设备和仪器，开展人员培训。加强节能减排统计能力建设，充实统计力量，适当加大投入。充分发挥行业协会、学会在节能减排工作中的作用。

七、健全法制，加大监督检查执法力度

（三十一）健全法律法规。加快完善节能减排法律法规体系，提高处罚标准，切实解决"违法成本低、守法成本高"的问题。积极推动节约能源法、循环经济法、水污染防治法、大气污染防治法等法律的制定及修订工作。加快民用建筑节能、废旧家用电器回收处理管理、固定资产投资项目节能评估和审查管理、环保设施运营监督管理、排污许可、畜禽养殖污染防治、城市排水和污水管理、电网调度管理等方面行政法规的制定及修订工作。抓紧完成节能监察管理、重点用能单位节能管理、节约用电管理、二氧化硫排污交易管理等方面行政规章的制定及修订工作。积极开展节约用水、废旧轮胎回收利用、包装物回收利用和汽车零部件再制造等方面立法准备工作。

（三十二）完善节能和环保标准。研究制订高耗能产品能耗限额强制性国家标准，各地区抓紧研究制订本地区主要耗能产品和大型公共建筑能耗限额标准。今年要组织制订粗钢、水泥、烧碱、火电、铝等 22 项高耗能产品能耗限额强制性国家标准（包括高耗电产品电耗限额标准）以及轻型商用车等 5 项交通工具燃料消耗量限值标准，制（修）订 36 项节水、节材、废弃产品回收与再利用等标准。组织制（修）订电力变压器、静电复印机、变频空调、商用冰柜、家用电冰箱等终端用能产品（设备）能效标准。制订重点耗能企业节能标准体系编制通则，指导和规范企业节能工作。

（三十三）加强烟气脱硫设施运行监管。燃煤电厂必须安装在线自动监控装置，建立脱硫设施运行台帐，加强设施日常运行监管。2007 年底前，所有燃煤脱硫机组要与省级电网公司完成在线自动监控系统联网。对未按规定和要求运行脱硫设施的电厂要扣减脱硫电价，加大执法监管和处罚力度，并向社会公布。完善烟气脱硫技术规范，开展烟气脱硫工程后评估。组织开展烟气脱硫特许经营试点。

（三十四）强化城市污水处理厂和垃圾处理设施运行管理和监督。实行城市污水处理厂运行评估制度，将评估结果作为核拨污水处理费的重要依据。对列入国家重点环境监控的城市污水处理厂的运行情况及污染物排放信息实行向环保、建设和水行政主管部门季报制度，限期安装在线自动监控系统，并与环保和建设部门联网。对未按规定和要求运行污水处理厂和垃圾处理设施的城市公开通报，限期整改。对城市污水处理设施建设严重滞后、不落实收费政策、污水处理厂建成后一年内实际处理水量达不到设计能力 60%的，以及已建成污水处理设施但无故不运行的地区，暂缓审批该地区项目环评，暂缓下达有关项目的国家建设资金。

（三十五）严格节能减排执法监督检查。国务院有关部门和地方人民政府每年都要组织开展节能减排专项检查和监察行动，严肃查处各类违法违规行为。加强对重点耗能企业和污染源的日常监督检查，对违反节能环保法律法规的单位公开曝光，依法查处，对重点案件挂牌督办。强化上市公司节能环保核查工作。开设节能环保违法行为和事件举报电话和网站，充分发挥社会公众监督作用。建立节能环保执法责任追究制度，对行政不作为、执法不力、徇私枉法、权钱交易等行为，依法追究有关主管部门和执法机构负责人的责任。

八、完善政策，形成激励和约束机制

（三十六）积极稳妥推进资源性产品价格改革。理顺煤炭价格成本构成机制。推进成品油、天然气价格改革。完善电力峰谷分时电价办法，降低小火电价格，实施有利于烟气脱硫的电价政策。鼓励可再生能源发电以及利用余热余压、煤矸石和城市垃圾发电，实行相应的电价政策。合理调整各类用水价格，加快推行阶梯式水价、超计划超定额用水加价制度，对国家产业政策明确的限制类、淘汰类高耗水企业实施惩罚性水价，制定支持再生水、海水淡化水、微咸水、矿井水、雨水开发利用的价格政策，加大水资源费征收力度。按照补偿治理成本原则，提高排污单位排污费征收标准，将二氧化硫排污费由目前的每公斤 0.63 元分三年提高到每公斤 1.26 元；各地根据实际情况提高 COD 排污费标准，国务院有关部门批准后实施。加强排污费征收管理，杜绝"协议收费"和"定额收费"。全面开征城市污水处理费并提高收费标准，吨水平均收费标准原则上不低于 0.8 元。提高垃圾处理收费标准，改进征收方式。

（三十七）完善促进节能减排的财政政策。各级人民政府在财政预算中安排一定资金，采用补助、奖励等方式，支持节能减排重点工程、高效节能产品和节能新机制推广、节能管理能力建设及污染减排监管体系建设等。进一步加大财政基本建设投资向节能环保项目的倾斜力度。健全矿产资源有偿使用制度，改进和完善资源开发生态补偿机制。开展跨流域生态补偿试点工作。继续加强和改进新型墙体材料专项基金和散装水泥专项资金征收管理。研究建立高能耗农业机械和渔船更新报废经济补偿制度。

（三十八）制定和完善鼓励节能减排的税收政策。抓紧制定节能、节水、资源综合利用和环保产品（设备、技术）目录及相应税收优惠政策。实行节能环保项目减免企业所得税及节能环保专用设备投资抵免企业所得税政策。对节能减排设备投资给予增值税进项税抵扣。完善对废旧物资、资源综合利用产品增值税优惠政策；对企业综合利用资源，生产符合国家产业政策规定的产品取得的收入，在计征企业所得税时实行减计收入的政策。实施鼓励节能环保型车船、节能省地环保型建筑和既有建筑节能改造的税收优惠政策。抓紧出台资源税改革方案，改进计征方式，提高税负水平。适时出台燃油税。研究开征环境税。研究促进新能源发展的税收政策。实行鼓励先进节能环保技术设备进口的税收优惠政策。

（三十九）加强节能环保领域金融服务。鼓励和引导金融机构加大对循环经济、环境保护及节能减排技术改造项目的信贷支持，优先为符合条件的节能减排项目、循环经济项目提供直接融资服务。研究建立环境污染责任保险制度。在国际金融组织和外国政府优惠贷款安排中进一步突出对节能减排项目的支持。环保部门与金融部门建立环境信息通报制度，将企业环境违法信息纳入人民银行企业征信系统。

九、加强宣传，提高全民节约意识

（四十）将节能减排宣传纳入重大主题宣传活动。每年制订节能减排宣传方案，主要新闻媒体在重要版面、重要时段进行系列报道，刊播节能减排公益性广告，广泛宣传节能减排的重要性、紧迫性以及国家采取的政策措施，宣传节能减排取得的阶段性成效，大力弘扬"节约光荣，浪费可耻"的社会风尚，提高全社会的节约环保意识。加强对外宣传，让国际社会了解中国在节能降耗、污染减排和应对全球气候变化等方面采取的重大举措及取得的成效，营造良好的国际舆论氛围。

（四十一）广泛深入持久开展节能减排宣传。组织好每年一度的全国节能宣传周、全国城市节水宣传周及世界环境日、地球日、水日宣传活动。组织企事业单位、机关、学校、社区等开展经常性的节能环保宣传，广泛开展节能环保科普宣传活动，把节约资源和保护环境观念渗透在各级各类学校的教育教学中，从小培养儿童的节约和环保意识。选择若干节能先进企业、机关、商厦、社区等，作为节能宣传教育基地，面向全社会开放。

（四十二）表彰奖励一批节能减排先进单位和个人。各级人民政府对在节能降耗和污染减排工作中做出突出贡献的单位和个人予以表彰和奖励。组织媒体宣传节能先进典型，揭露和曝光浪费能源资源、严重污染环境的反面典型。

十、政府带头，发挥节能表率作用

（四十三）政府机构率先垂范。建设崇尚节约、厉行节约、合理消费的机关文化。建立科学的政府机构节能目标责任和评价考核制度，制订并实施政府机构能耗定额标准，积极推进能源计量和监测，实施能耗公布制度，实行节奖超罚。教育、科学、文化、卫生、体育等系统，制订和实施适应本系统特点的节约能源资源工作方案。

（四十四）抓好政府机构办公设施和设备节能。各级政府机构分期分批完成政府办公楼空调系统低成本改造；开展办公区和住宅区供热节能技术改造和供热计量改造；全面开展食堂燃气灶具改造，"十一五"时期实现食堂节气20%；凡新建或改造的办公建筑必须采用节能材料及围护结构；及时淘汰高耗能设备，合理配置并高效利用办公设施、设备。在中央国家机关开展政府机构办公区和住宅区节能改造示范项目。推动公务车节油，推广实行一车一卡定点加油制度。

（四十五）加强政府机构节能和绿色采购。认真落实《节能产品政府采购实施意见》和《环境标志产品政府采购实施意见》，进一步完善政府采购节能和环境标志产品清单制度，不断扩大节能和环境标志产品政府采购范围。对空调机、计算机、打印机、显示器、复印机等办公设备和照明产品、用水器具，由同等优先采购改为强制采购高效节能、节水、环境标志产品。建立节能和环境标志产品政府采购评审体系和监督制度，保证节能和绿色采购工作落到实处。

附表 A "十一五" 时期淘汰落后生产能力一览表

行业	内容	单位	淘汰任务
电力	实施"上大压小"，关停小火电机组	万千瓦	5 000
炼铁	300 立方米以下高炉	万吨	10 000
炼钢	年产 20 万吨及以下的小转炉、小电炉	万吨	5 500
电解铝	小型预焙槽	万吨	65

续表

行业	内容	单位	淘汰任务
铁合金	6 300 千伏安以下矿热炉	万吨	400
电石	6 300 千伏安以下炉型电石产能	万吨	200
焦炭	炭化室高度 4.3 米以下的小机焦	万吨	8 000
水泥	等量替代机立窑水泥熟料	万吨	25 000
玻璃	落后平板玻璃	万重量箱	3 000
造纸	年产 3.4 万吨以下草浆生产装置、年产 1.7 万吨以下化学制浆生产线、排放不达标的年产 1 万吨以下以废纸为原料的纸厂	万吨	650
酒精	落后酒精生产工艺及年产 3 万吨以下企业	万吨	160
味精	年产 3 万吨以下味精生产企业	万吨	20
柠檬酸	环保不达标柠檬酸生产企业	万吨	8

附录 B　各区域要素成本份额（1995～2011 年）

附表 B　分区域生产要素、能源品种平均成本份额（1995～2011 年）

要素/燃料		直辖市	东北地区	东部沿海	中部地区	西南地区	西北地区
生产要素平均成本份额	资本	0.461	0.350	0.382	0.324	0.337	0.341
	能源	0.108	0.150	0.113	0.124	0.125	0.178
	劳动	0.431	0.500	0.505	0.552	0.538	0.481
能源品种平均成本份额	煤炭	0.118	0.130	0.111	0.202	0.180	0.155
	石油	0.304	0.326	0.265	0.234	0.249	0.267
	电力	0.578	0.544	0.624	0.564	0.571	0.578

后　记

　　本书是在本人博士学位论文的基础上作进一步修订而形成的。在繁忙的书稿修订过程中，也偶尔忙里偷闲，纵情回味自己在母校兰州大学的 10 年求学时光。本科阶段的学习是在榆中校区度过的，一望无际的碧蓝天空、远离喧嚣的学习氛围及丰富多彩的校园生活，构成了我对大学阶段的总体印象。经过四年的熏陶和洗礼，逐渐褪去了过往的天真、懵懂和浮躁，收获了一份勤恳、朴实与厚重。一得一失之间，彰显了这座位于西北黄土高原上的学术重镇之灵气。仍不禁回味萃英山巅的空旷与静谧、学术交流中心的朗朗书声，以及图书馆内莘莘学子的潮来潮往。时光飞逝，如此浪漫而充实的大学生活尚未来得及细细品尝，便随时间的车轮匆匆赶往人生的下一个站点。

　　2006 年，我跨专业考研成功并有幸拜读于陈兴鹏教授的门下。陈老师思维敏捷，待人宽厚。作为跨专业考生，刚读硕士时对许多专业知识掌握得不够牢固；为了引导我顺利"转型"，陈老师对我的学业给予了全程跟踪与悉心指导。也正是从担任陈老师所主持的"甘肃省节能减排机制与对策研究"项目技术负责人开始，我才慢慢步入能源与环境经济学领域之门。同时，导师善良的性格与正直的品质，也为我学习如何做人竖立了一座标杆。

　　感谢国家留学基金管理委员会的大力资助，让我有机会前往美国杜克大学进行为期一年半的交流访问。在国外求学期间，我有幸得到了合作导师 Dalia Patino 教授的悉心指导。Dalia Patino 女士追求卓越的工作作风及严谨求实的治学态度，让我领略到一位优秀学者所应具有的诸多品质。同时，她对我"授人以渔"的指导方式，使我在日后的学习与工作中受益匪浅。仍记得与她合作的第一篇文章，曾因反复修改二十余稿而不免气馁，但投稿后直接录用的喜悦也让我记忆犹新。

　　自工作以来，一直忙于较为繁重的教学与科研工作，给予家庭的照料严重不足。感谢已年过花甲的父母长期默默付出，也感谢妻子福霞女士的深切理解和积极支持。最后，祝愿刚满月的若恩小朋友健康、快乐成长！

杨　冕

2015 年 5 月于武昌珞珈山